许我一座漂亮的小屋

牧牧酱 著

当代世界出版社
THE CONTEMPORARY WORLD PRESS

图书在版编目（CIP）数据

许我一座漂亮的小屋 / 牧牧酱著. —北京：当代世界出版社，2019.1
ISBN 978-7-5090-1384-7

Ⅰ.①许… Ⅱ.①牧… Ⅲ.①住宅—室内装饰设计
Ⅳ.①TU241

中国版本图书馆CIP数据核字（2018）第285117号

书　　名	许我一座漂亮的小屋
出版发行	当代世界出版社
地　　址	北京市复兴路4号（100860）
网　　址	http：//www.worldpress.org.cn
编务电话	（010）83908456
发行电话	（010）83908409
	（010）83908455
	（010）83908377
	（010）83908423（邮购）
	（010）83908410（传真）
经　　销	全国新华书店
印　　刷	炫彩（天津）印刷有限责任公司
开　　本	880毫米×1230毫米　1/32
印　　张	10.25
字　　数	220千字
版　　次	2019年3月第1版
印　　次	2019年3月第1次
书　　号	ISBN 978-7-5090-1384-7
定　　价	49.00元

若用一个词概括之前的生活,那就是"匆忙"。平日里起床后,便开始匆忙收拾,匆忙赶地铁,匆忙处理工作,匆忙回家。由于老家离北京比较远,一年也就回去一两次,仅七天的休息日,匆忙度过,再匆忙回京。直到今年辞去工作,没那么多要赶的事情,过年回家时,才有机会慢慢去感受老家的变化。

当初,为求不枉此生,只身一人来到北京,想要看遍大都市的繁华。一切都要靠自己,不知道为何忙碌,没时间思考太多,只是一个劲地往前迈着脚步。漂泊中蓦然驻足回首,才惊觉浮华半生已过。有些倦了,便想停一停,做点自己一直想尝试的事情。

宣城,这座被山林环绕的城市,是一座钟灵毓秀的古老小城。宣纸便是由此发源。走在路上,不时会遇上熟人跟你打个招呼;过个马路,汽车会缓缓停下,让你先走。白天的街道上,看不到什么人；到了晚上，霓虹闪耀，人头攒动。路两边的树叶上，每天都看不到灰尘。离家时还只有一家供销大厦和一家商业大厦，如今，各品牌的入驻也将老家分割出多个商圈。

偶然遇到这间小屋。房主是本村人，儿女都在市里工作，便也一起搬了过去，帮着照顾一双小孙子，小屋便空置了出来。这里前有松林，后靠小山，山上种满了桂花树、樱花树和广玉兰。捡来的三只猫儿，也是自在得不行，有我们从不间断的猫粮和悉心的照顾，不用担心自己会像流浪猫那样，食不果腹；门前的松树，是它们的猫爬架，树上的果实，是它们的玩具，而不时捕来的老鼠和鸟儿，是它们的餐后点心。比起圈养的家猫儿，不知有多幸福！真希望它们一辈子都能这样，没事的时候互相追逐打闹；天冷的时候，蜷在晒得蓬松松的棉被中轮番打着哈欠。

小屋离市里不远，我也并没打算去过那种与世隔绝的生活，只想在这座城市的边缘，找一隅安静的角落，作为自己的私密空间，给自己放个没有期限的长假，体验一份怡然自得的生活。什么时候歇息好了，再轻装上阵。

出这本书，一方面是想用自己笨拙的文字，为大家呈现一座城中的世外小桃源，分享这个闲适宁静的小世界；另一方面，是想为有计划装修或做旧房改造的朋友提供些许帮助。同时，这本书对于需要进行家庭装修的朋友也有帮助，至少可以通过这些文字了解市场行情，获得创意灵感，等等。

并没有提前做效果图，过程中出现的问题也很随机，只能见招拆招，解决补救，于是出现了很多因机缘巧合而产生的意外结果，也使最终呈现的效果和最初的设想相差甚大。比如卫生间的装饰墙、屋前的栅栏等，让整个过程多了更多的未知和惊喜。从未近距离接触过装修的我，会因为莫名知道一些步骤，而感到小屋改造的过程格外有趣，仿佛自己前世就是一名建筑工人。

起初，觉得DIY装修这个过程很像创业，被牵着走，有些体力活比工作还要辛苦。认真思考过后，也有模有样地做过一些工作节点表，可到了实际操作中，却发现有各种各样的问题和困难在拖延你的时间，加之连日的体力消耗不甚辛苦，很多事情会胶着到无力解决。总是解决完一个问题，又出现新的问题。但当你再去追问做这件事情的初心时，仿佛一切又不是那么复杂，也没那么困难，更不需要耗费太多资金，只要你想就可以实现。总之，这是一段很奇妙的体验。

也正因为没有刻意准备出这本书，使用的视频拍摄设备仅为一台白色佳能100D，以及我和室友小乔各自的手机，中间还出现过断电、文件丢失、存储卡泡水等状况，导致视频不能完全完整地呈现出来，图片的质量也并不理想。特别是小屋最初的原貌也没进行拍照保存用以前后对比，只用手机随手拍了两三张，这都是很大的遗憾。

本书以日记体呈现，记录了打造这个小空间的全过程；同时包含装修经验心得，以及趣事感悟。比如十、十一月，以及三、四月装修工作多一些，便写得多，一、二月处于半停工状态，写身边的事会多一些，比较随性。

对了，如果你是妹子，并打算完成这类项目，可以考虑先拥有一位男朋友，这样，在装修过程中的很多苦力活可以帮你分担，将来你们也会多一份美好，且与众不同的回忆。

所拍摄的视频和照片将陆续在我的微博中发出，会有更多文字无法描述的有趣细节展现出来。希望能有更多向往自由、向往田园生活的朋友和我一样，通过自己的双手，创造出美好的生活空间。（微博：桐小仙儿2333）

好，那就，正文见！

感 谢 曾 经 帮 助 过 我 的 你 们

水哥、飘飘、称心姐、田力、糖葫芦、小六、敬亭之神、好米爸爸、老胡、小张同志，特别感谢伟星管程总提供的工具，以及徽格装饰黄总在装修期间的无私帮助和技术上的义务指导！

残破的木门。

斑驳的墙面。

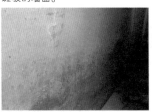

残破的门框。

不够漂亮的房子。

从屋顶上飘落下来的蛇皮。

窗户锈迹。

窗棂上横七竖八躺着各种虫的尸体。

破败的纱窗。

玖月

— 开工 —

从现在起
把生活过成
自己喜欢的样子

9月16日

星期六　多云转晴

　　今天的日子很"6"，也是自九月份以来难得的一次放晴。

　　我们正式入驻，就从今天开始。

　　这么好的日子，连日记的文字都多了分严肃认真和雄心勃勃。

　　自打8号房子拿到手以来，我一直在想办法解决一个问题，那么多奇形怪状的虫子，该如何消灭？

　　从理想迈入现实，再在现实中打造理想国，是我们要做的事情，那么，今天就是从理想迈入残酷现实的第一步。

　　很艰难的一步。

　　我害怕虫子到了什么程度？初中生物书的封二页面会有虫子的彩照，内页会有虫子的图绘，我都会央求同学帮我把能撕的撕掉，能抠的抠干净。打开生物书的某个章节，里边全是大大小小的洞。

　　而眼前，我将要面对的是一种连名字都不知道的昆虫！

　　它的外形很像一根会蠕动的手指，通体深褐色，表面看起来似乎是坚硬而光滑的，圆柱形的身体布满密密的金色环线。前几天趁天晴去小屋时，见它们在地上、墙上、门上旁若无人地到处爬，连见惯世面的小乔都发怵，说在北方从来没见过这样的虫子。

　　我是谁？我在哪儿？我在做什么？我怎么就忘了树越多，虫子越多呢？我到底是被什么冲昏了脑子才决定来到这里的？我连它们叫什么都不知道，还怎么去对付它们呢？所幸，我是一个拥有坚定信念的孩子——以人类的伟大智慧，还怕解决不了它们吗？

　　今天，我可是有备而来的！带着我的新朋友——两只鸡子，一公一母，打算靠它们对此处进行一系列有效的生态治理。

这么多虫，还都是野生的，要是养得好，说不定还能靠孵小鸡发家致富呢！而且我已经想好了，这两只鸡，我是不会把它们放在笼子里的，要把它们散养在小树林，每天让它们在这个远离尘嚣的世界中，无忧无虑地慢慢变老。

我们站在远处观察了一下，感觉鸡对这种虫似乎没什么兴趣。不过也对，现在可能还不饿。乖，等你们饿了再吃！反正这里的虫子多得是！

把鸡们放下，我就和小乔离开了小屋。

鸡子们，以后你们再也不用吃那些饲料了！这些肥美的虫子一定会把你们养得壮壮的，跟菜市场里的同胞比起来，你们是何等幸运！

晚上吃过饭，我想想有些不放心，万一这两只重获自由的鸡私奔了可咋办？

小乔也连连点头，说她也正担心这点呢！

那就去看看呗！

二话不说，我们又来到这个四下漆黑的小屋。

当车灯射到不远处时，我看见了一只狗。显然，它对我们的突然到访也颇感意外和不安，抬起头警惕地看着我的车，眼睛随着车灯的反射透出莹莹的绿光。要不是它个子矮，毛色白，我还以为是只狼。我透过玻璃仔细一看，发现它的嘴角竟还插着一根鸡毛！

大事不好！

我也顾不得是狗是狼，更想不到脚底下有没有虫了，赶紧下车冲了过去。小乔也紧跟着跑下来。狗子仓皇而逃，留下一地鸡毛……

这么大好的日子，竟然发生如此血腥暴力的惨剧！

整个人都不好了……

鸡子，我们还没来得及给你们起名字，你们就为守护小屋光荣牺牲了……

愿天堂里没有狗子！

9月17日

星期日　晴

网购的农药和生石灰都到了。

今天我来就是让它们给我壮胆来了！

以前就在电视上见过农民伯伯背着一个塑料的农药箱子在田间边走边喷，没想到现实里的农药看着很是瘆人——浓稠、粘腻的墨绿色液体。打开盖，令人作呕的气味扑鼻而来，跟电视剧里那些剧毒毒药的药性应该差不多吧？

真不知道新闻里那些喝农药自杀的人是怎么咽下去的！

也不知道有没有效果，先按着说明书用用看吧！

施药之前，我们将生石灰拆开，沿着屋子的墙线撒了厚厚一道长线，如此在屋子前后布下人族与虫族之间的界限。这么做是打算让附近的虫子先不敢靠近，再用农药集中消灭屋子里的那些。

撒石灰粉的时候，仍会不时看到虫子不断拱着身体向我奔来，吓得我哇哇乱叫，东躲西藏。

小乔怒了，说从来没见过如此矫情的我！

矫情？"呵呵，很好……下次等见着老鼠，我捉两只给你玩玩！我可是听说你很怕老鼠呢！"

"啊！快、快、快！"来不及想更多，我便又慌乱地跳到一个相对安全的地带，叫出里边正在撒灰的小乔，"你看，你看，虫子过来了！"

为什么小树林里的虫子能够无视界限，继续入侵？

"赶紧！赶紧拿石灰把它埋了！"我怎能受得此奇耻大辱？这只虫，必须死！

小乔也显得有点不淡定了，但她还是回身从纸箱子里抓出一把粉，直直地倒在那只虫的身上，堆出一个白色的迷你墓冢。

我这才走到跟前，轻轻舒了口气。

剧情永远没那么简单，这一口气还没喘完，就看到石灰堆在轻微塌陷。

心下一惊，莫不是要出来了？

没错，它就这样稳稳地钻了出来，还不忘竖直了半个身子，左右扭了扭，再趴下身子，继续朝我爬来，仿佛在说："来啊，打我啊！打死我啊！"

哼！很好，我这个人一旦被激怒，不知会做出什么"伤天害理"的事来！

我快步走到门边，迅速穿戴好装备，调好配比，拿起药壶直直喷向那只虫子。不仅如此，我还顺便对准周围的虫子喷了一遍。

然而，并没有什么作用。可能我买到的是假农药？

不，一定不是假药，毕竟我已经被这刺鼻的味道熏得快要死掉了！

此时此刻，它们一定是感受到了人类内心的恐惧和震颤，才会如此肆无忌惮！

9月18日

星期一　雨

外面下着很大的雨。

坐在房间里的我心有余悸地回想着昨晚的梦。

我梦见一堆百脚虫爬进屋子，钻进被窝，拱到我身上，吓得我大叫。王俊凯听见了我的呼救，一边喊着"小姐姐不要怕"，一边跑来帮我捉虫子。可他一个人怎么也捉不完，吓得我赶忙去找农药，可怎么找都找不到，急得不行。

没休息好，只好靠在床上，看着窗外的雨，开始思考。

不管虫子有没有被消灭掉，我已经输了。为了建立一个生态健康的世外桃源，却要拿起农药瓶去伤害周边的土壤。不是愚蠢吗？如果我继续用农药除虫，也就意味着我的理想国已经开始坍塌。

我手里的农药，不仅伤害了虫，还可能影响到了周边快乐生活的鸟类。鸟一旦被毒死，虫灾就会更加严重，从而进入恶性循环。难道除了农药，就没别的办法能消灭它们了吗？

这附近的鸟很多，为什么这种百脚虫还是不见少呢？

我上网查了些资料。

原来，这种叫"马陆"的虫子体节上有臭腺，能分泌一种有毒臭液，致使鸟类不敢啄它。怪不得买回来的鸡子对它们不闻不问，原来是惹不起啊！此外，它们喜欢生活在阴潮的地方，吃腐食为生，又没什么天敌——听说只有刺猬会吃这种虫，然而这里并没有刺猬，难道要上某宝买吗？即便买了，会不会又像那两只鸡一样死于非命呢？毕竟不是买来做宠物的，可不能让人家千里送命啊！这个办法不妥。

马陆喜阴湿、怕干燥，网上很多人建议用生石灰，应该还是有效果的吧？即便一时间杀不死，至少能让它们望而却步吧！

还有个朋友给我出了个主意，说专门弄一块地方，每天放些烂苹果、烂香蕉进去，虫子就只往那一个地方爬了。

这个主意听着不错，但会不会把它们越养越肥，越养越多，最后成了我们的小宠物？

"不会！等它们多了，就朝里面放把火，全都烧死了。"朋友"邪恶"地一笑。

呃——

其实，明明是我们侵占了它们的幸福家园，可这个世界就是这么不讲道理……

9月20日

星期二　晴

　　今天，我们去了趟建材市场，拖回来一堆管子。

　　去之前，我进行了认真的了解和对比，最终选了伟星管。贵！但基础设施还是要稳一点，这可是要埋到地里面的东西，万一坏了还真不好修。所以，我们决定水管和电线都买品牌货，无后顾之忧。

　　接待我的那个人问我要什么。

　　我边想边讲："我要一个通马桶的管子，然后要花洒和洗手池的管子。对了！还得能放冷热水……"本想说那个什么PPC，还是PPR，还是PPA管来着，显得自己很懂行以免被蒙，可就这么突然给忘了，明明特地背过好几遍的。

　　"……嗯……那个……你看着配吧！"

　　对方看着我笑了笑，说："这样，你把你们家水电师傅叫来给你配吧！"

　　切！这不明摆着看不起人吗？也不看看，水电师傅本人此时正威风凛凛站在他跟前呢，便云淡风轻地告诉他："没有师傅，我就是师傅！"语气中饱含着藐视众生的霸气，仿佛微服私访的皇帝突然出现在正仗势凌人的坏蛋面前。

我感到了他的一丝意外和不解。不过，他也没有失态，估计在外面也是见过一些世面的。

于是，他问："你那个房子需要多少米的管子啊？还有，弯头什么的都要配吗？你要买多少啊？"

"对了，还有，我们家管子贵呦！"他补充了一句。

我内心不住"呵呵"——真逗！我是那种买不起的人吗？不是贵的，我还不要呢！但我没有说话，只是用铁稳的眼神看着他，告诉他——我买得起。我要保持我的低调和内涵，要看起来比他更心中有数，只有不动声色，才能占得上风。虽然此刻我的内心是炸裂的，但我不会轻易显露出来。那么，我到底要买多少根管子呢？

这难不倒我。

我那号称"双核小 CPU"的机智大脑飞速旋转着，首先要考虑一下自己到底懂多少，然后再看自己手里有哪些优势能够镇住眼前这家伙！我先把自己懂的东西像抖包袱似的抖出来，让他知道，眼前这个人并不是一个美丽而空洞无知的花瓶！

于是，我告诉他，接管子不就是用生料带缠紧，然后拐弯的地方弄个弯头，分岔的地方接下三通吗？

接下来，就要开始拿出我的杀手锏了。

对，没错！我是个女人，虽然不敢讲有倾国倾城之色，但也自诩颇有几分姿容，只要站在男人眼前，静静地站着，一切语言都会显得苍白，仅仅一个眼神就能让对方放下一切防备，乖乖地对我俯首称臣。

可事发突然，当我屏气凝神，准备发功时，那男的却对隔壁坐着的一个女人喊道："老婆啊，帮我看哈子^①，那个 50 管多少钱？"

没有一点防备。

有老婆啊？还就在旁边！

与此同时，我知道自己已错过最佳时机。可毕竟从小到大，我都是一个识大体顾大局的女子。

放弃吧！

我对自己默默说道："女人何苦为难女人……"

眼前的男人继续笑意盈盈地看着我，而阅人无数的我，已经轻而易举读懂了他想对我说的话："我知道你其实什么都不懂，所以，你到底还买不买我的管子？"他只是那么笑着，什么话都没说出口，看着我。

很好，看破不说破，还是好朋友。

这位男子，你是否也从我的眼神中读出了些什么呢？

对，我想告诉你：小女子对你很是佩服和敬重！

我们这一招，过得很完美。

买，买！必须买！但是，到底该怎么买呢？

男人继续笑着，转身从桌上拿出一张纸和一支笔递给我，又指了指不远处的一张透明玻璃桌，说道："来，拿着，你先到那边把你家的样子画出来，尺子标出来，等哈子我这边忙好了带你

----

① 哈子：宣城方言，跟在动词后，表示"一下"的意思。

看看，可能能给你配出来。"

我能感觉得出来，他的言语中透着无限因理解而散发出的人性光辉。

赶紧的，我接了纸笔，画好了房子的地形图。

他问道："为什么你不喊师傅搞啊？好多东西看似简单，真做起来不晓得你会不会搞！"

我没接茬，怕对方会和其他人一样来一句："你们！就你们两个就想把这个房子搞出来？哦？啊哈哈……"

所以，有什么苦，有什么痛，我都自己承受，默默地，只在黑夜中舔舐自己的伤口。

所幸，他没有再说下去，只是掏出手机，打开微信，对我说道："你要是真自己做，肯定有不少不懂的，到时候你就问我。你要是有什么工具不齐，就不要买了，到我这儿来，我借给你用哈子！"

我顺利买回了管子，加完微信，才发现眼前这个人并不简单——他就是当地的总代理。

装货，上车，我摇开车窗，朝他一个回眸。而他搂着老婆，给了我一个笑容——深藏功与名。

好人一生平安！

9月21日
星期三　晴

　　这几天，跟虫子们斗智斗勇，小乔终于发现一个新方法，可以说是个一劳永逸的方法，那就是——每天盯着虫子看五分钟，从心理上消除对它们的恐惧。

　　我还以为是什么高端操作呢！不过，想想也是，既然无法改变，那就学着适应它，习惯它！

　　于是，每天蹲在地上认真观察虫子五分钟成了我的必修课。两天后，好像真没那么怕了。起初还必须跟它们保持至少一米的距离，现在至少敢从它们身上跨过去了。但要是它们突然出现在眼皮子底下的话，还是会被吓得浑身一紧。

　　这已经是一个飞跃，本人很满意！

　　而小乔是什么状况呢？每天一来，生一堆火，然后拿起火钳，将虫子一个个夹起来丢进火里。

　　我问："你就真的不怕吗？"

　　小乔回答道："你别说，这南方的虫还真是吓人！以前听你说怕蟑螂，我还觉得你矫情，来了才发现，这里的蟑螂不但个头大，竟然还会飞！"

9月22日
星期四　雨

今天又下雨！还这么大！不知道昨天运过去的沙子有没有被冲走？

那雨冲走的可不是沙，是钱呢！

不过，今天也没白费工夫，终于找到一位师傅，刚好雨天没什么事情，他答应帮我们把屋内的吊顶给拆掉。

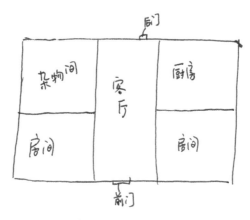

最初设想的房屋布局。

这间屋子总共约 133 平方米，格局还是挺整齐的。屋子又被分成五部分，横向三等分各 3.8 米，进屋就是一间 9.8 米宽的通透客厅。用"通透"这个词似乎并不准确，因为房屋是东西朝向的，背屋就是一座山，只通不透；左右两边被等分成四个部分，分别是两个房间、一间厨房和一间储藏室。

对，没错，没有卫生间！

这是我从小到大遇到最奇葩的房屋——竟然没有卫生间！

难道要在野地里解决？

后来问了房主才知，原来隔壁那间屋里有卫生间，是她弟弟的房子，她也有钥匙，所以想上厕所就直接进去好了。

好吧，这很有个性！

除了不是南北朝向，我们对房子面积和结构还是挺满意的。毕竟屋外和风阵阵，鸟语花香，已能弥补这一缺憾。

房子从外面看还是挺高的，但由于吊了顶，一进去就显得沉闷压抑。吊顶的高度约莫也就 2.8 米，加上时间有些久了，微微泛黄的吊顶条被灰覆盖了一层，隐隐透出原本的粉色花纹。

这样有特色的屋顶，这种高度的房子多难得！怎就舍得用吊顶遮盖？于是，我花了 300 元请师傅把顶全部给拆了。师傅人好，还特有素质，帮我们拆完后还收拾干净，顺便叫了个三轮车把拆下来的东西都拖走了。

那么，接下来的首要任务就是布水管做卫生间了。

今天去了小屋，满心期待。因为很快就能看到拆完吊顶后的样子了。

从门口的垃圾桶下边摸到钥匙，推开门——

嗯，很好！

与此同时，吊顶以上三角区域的水泥砖全都裸露在视线中。

一道道的房梁上架着细细的木条，屋顶的瓦层层叠叠很有 feel。

可能是因为房主一开始就打算做吊顶，所以整面墙被生硬地分成了两个区域，我们的工作也额外增多了两项——批水泥和刮大白。不过没关系，后面我们慢慢修整就是了。我们来这里不就是做这些的吗？

当下任务是布置卫生间的水管。

我已经想好了，把靠左内侧的那间储藏室做成卫生间，但好像面积又有点过大。要不我给隔一半，另一半就留着做工作室，这样，我以后干活的时候上厕所也方便！马桶肯定是要放在最里面的，接下来就放淋浴，洗手台肯定要放在进门的位置才方便，好像也就这些了。

晚上回来的路上，还在想卫生间隔一半会不会有点小，三分之二的话其实刚刚好，但剩下那么点就肯定不能做工作室了，很尴尬啊！唉，就这么着吧！弄砖过来砌道墙，再装个门，就 OK 了！

无论如何，得先解决三急呀！

下午，我和小乔将尺寸再次确认了一遍，从屋外开始布水。

这房子虽然没有卫生间，但厨房有外接进来的通水管道，所以还是挺方便的，只需将厨房的外接剪开，再继续往卫生间布就行了。

那水该从哪里进呢？是不是得先在墙上打个进水和出水的孔啊？

唉！总是做到下一步才知道前一步要做的工作。

明天得请位打孔师傅来。所以，今天就把能布水、电的地方先布掉了。

今天又是个晴天，估计接下来的日子都不会怎么下雨了吧？

在群里托人找了一位打孔师傅，约好下午过来。中午，房主来了，还给我们带了一盒花生酥。

真好！刚好我们不想跑那么远去吃午饭。

房主大姐今天不忙，过来瞧瞧我们做得怎么样。

当她走进屋子一看，一脸吃惊地问道："啊？吊顶都拆啦？"

"是啊，前几天不是说了要拆吗？"

"那……那些拆下来的条子呢？"

"扔了啊！"我回答道，"找了个师傅，人特好，走的时候还帮我们把东西都拖走了。"

谁知房主告诉我，其实只要找个收废品的，吊顶条免费让拖走，他就免费给你拆。

知道真相的我流下泪来。

接下来，大姐说的话更让我心慌慌："吊顶拆了以后，打算怎么弄？"

我说:"就这样啊!这样好看。"

她立刻摇着头说:"呆丫头哎!你这个不能光好看啊!到了冬天,房顶到处都漏风!你们不得冻死啦?"

房主走后,我们立刻启动紧急预案,然而,并没有什么预案。

怎么办?难道重新吊一遍?

打孔师傅下午也临时有事没来。是今日不宜开工吗?可我们还没开始就停工好多天了呢!可能万事开头难,就是这样的吧!突如其来的变化让我一下子又不知道该做什么了。

晚上,我跟小乔商量了一下,决定蒙上一层板子,里面再夹个隔热膜,这样应该能解决些问题。再把周围漏风的地方给堵上,应该就不会冷了。

说干就干,明天去买板子!

　　我们大清早就爬了起来，满心期待地来到建材市场，希望能遇到伟星管那么好的老板！

　　遇到的这个老板没那么好，但也不算坏，经过一番了解比较后，我们决定买薄薄的三合板，到时候贴着屋顶的长格裁成块，再用钉枪钉在木条上，刷上白漆，应该就挺好看的。三合板不仅价格便宜，而且用美工刀就能裁切，对于我们这种连干活的工具都不齐全的人来说，还是最为适用的。加上它并不重，操作起来也不会太辛苦，毕竟房顶还是很高的，爬上去钉也不是什么轻松的事情。具体买多少也不知道，大致估摸着买了30元。这种心里没底的感觉真不好。我也很无奈，努力算了很久，还是没算出一个准确数值，只能连猜带蒙的。

　　接下来要做的事情很多。打孔的师傅下午来了，先打完孔装水管吧！隔热膜还得等好几天才能到货。

　　师傅人真不错，帮我们一起搬板子，还让我们坐在一边，说这不是女孩子干的活。我想他媳妇儿一定很被宠溺吧？反过来说，要想被宠溺，得先像个女孩儿。

我们在观察地形之后发现，卫生间的水管必须从外面走，所以先请打孔师傅过来帮我们开了三个孔，分别是进水管（20）、地漏出水（50）和马桶出水（110）。

打出来的孔，散发着诡异的美。

那么，接下来，就开始布管子了！

做出水的时候，我们也考虑了很多问题。最后，我们从施工方便程度和节约用料上入手，做出了一个方案，就是沿着外墙走，通过小屋前面的一段路，直通到小树林里。如此，不但距离最短，也省去挖化粪池的工夫，屎尿直接给小树林里的花花草草做养料，大家都很 Happy ！那么，这也意味着我们需要给这条路挖条沟，而且还不能挖得太浅，否则有车经过，会把管子压坏的。

既然确定了方案，接下来就是行动了。

我们仔细观察了一下地面，发现两头都是土，土质松软，非常好挖，但中间那一大段被铺上了碎石子，地表非常坚硬。但我们想，只要能把表面挖掉，下面就容易动了，于是，借来一个电镐开截。第一镐下去，碎石碎土到处乱溅，不得不停下，去套了个专业的防护口罩（我们真有先见之明，开工前就买好了）。

解锁刨地新姿势。

第二次开动，没几下又发现问题——就这么戳，会不会有点高估了自己？是不是得弄个什么参照？不然万一偏到大马路上去了呢？于是，又弄来几根木条比着……真是不省心！好不容易地表挖松了些，我们又遇到了新的难题——我就不明白了，这土咋就这么紧实呢！

　　于是，今天一下午，别说布水管了，除了打了几个孔之外，就挖出了浅浅的一层沟。

"毛肚"：啧啧啧，看你们这些小身板，让朕来助你们一臂之力！

Tips：

　　三合板的尺寸为 240×120 厘米，有不同的厚度，价格和厚度成正比。选购时用手敲击，若是声音干净清脆，则说明是比较结实且比较新的板子。它的用途很广泛，虽然薄但韧性很好。不过，三合板是用含甲醛的胶剂黏合加工而成，所以它并不环保，新板的甲醛含量很高，但会随着时间逐渐挥发。

还是你们人类自己玩儿吧……

9月27日

星期一　晴

把整个自己放在锹上也无济于事。

今天要换装备！

锹不行，太不给力！换两把锄头，物理攻击属性应该有所增强。

终于把表面的那层石子铲得差不多了，接下来就是要往下挖了！回去大致了解了一下，原来这并不是土，而是还没完全形成土的红砂岩，因而极为坚硬。

晚上回家吃饭的时候，手还麻麻的，微微颤抖着。这一切比想象中的难哦！

9月29日

星期三　晴转雨

　　没想到光挖沟就挖了好几天，电镐、锄头、锹、小铁铲……
轮番上阵。

　　今天，总算是把管子埋下去了。

　　上午我们在屋后挖土。屋后的土还是很松软的。下午，还突
然下起了太阳雨，土质变得更好挖一些。

　　说实话，我还是宁愿去挖硬土——软土里的不明生物还真是
种类繁多。有一会儿，我们正挖着，突然窜出一条约莫10厘米
长的红头大蜈蚣，超速朝我袭来。说时迟那时快，正埋头锹土的
小乔一个飞身闪现到我跟前，举起手里的锹一下截过去——蜈蚣
断成两截。

　　那个瞬间，或许是出于本能，或许是因小乔前生就是一名刺
客。我也是在那个瞬间才反应过来，原来小屋边上那根一直静静
躺着的"鱼刺"，是蜈蚣翻了白肚的尸身。

　　整个人都不好了呢！

下过雨后的沟显得格外深。

9月30日

星期四　晴

今天是 9 月的最后一天。看起来，我们做了很多事，但又好像也没做什么。不管怎样，进度是要加快一些了。

接水管应该不是什么难事，在户外挖沟铺管也只是累人而已，并没什么难度。首先，把马桶、花洒和洗脸台的位置确定好，这样，方便我确定进出水的管子该怎么走。可能专业人士会在墙上量好尺寸，裁好管子，再一点一点接起来。但我数学不好，加加减减不出三下就会脑部缺氧，肚子空泛，于是，我改用目测法。毕竟本人长着一双在一大篇文章里随便一扫就能发现错别字，墙上挂的画随便抬一眼就能发现有没有挂斜的火眼金睛。

当然，大体尺寸还是要量出来的。比如洗脸台离花洒多远、马桶离花洒多远这些数据，都得知道。做完这些工作，接下来就进入正题了。

我们先找到这里的总进水阀。

先将外面的管子大致布好，需要几根管子、都要多长，心里有个数。关掉进水阀后，将屋外的进水口剪断，重新接上。剪断后，让里面的水流干净，否则，水沾到热容器会影响它的温度；同时，还要把周边擦干净，不然会影响管子与管子之间的黏度。

这种立刻就能上手的能力可能是平日里生活的积累吧！

在烫的时候，需要稍微注意一下手感，尽可能保持两头是平移进去的，保证在推两头的时候，两手施的力差不多一样，形成一个对推的力，并使管子那头被烫的宽度大约保持在 1.5 厘米就行。

由于之前用的水管质量没有我买的管子好，若两头同时烫，很容易把之前的水管烫得稀化，所以，我先把三通怼进去烫，再将旧水管放进去稍微施力，就差不多了。

把横的两头接好，再量一个竖着的尺寸，以同样的方法焊起来就行。

我们在焊接的时候，由于没有准备那种很长的接线板，只好先将热容器加热完毕，再拔下来一路小跑冲过去烫。其实这样操作，如果温度没有控制好的话，是比较影响效果的。特别是拐角处的管子，没有预留长度，在拽着焊接的时候，管子有很大的回拉力，需要使劲拽着两头才能将两根管子接在一起。这让我焊得很是吃力，加上天空又下起了小雨，加速了热容器的降温，最后能不能通，要等焊接完，请售后过来帮我们做测压看结果了。

焊完后的标线需要在一条直线上。

人类真的是强大的生物。

本来我从来都不会往屋后走，因为后面是山，两边是树，是虫子们的集中营。但是，如果不去的话，事情就只能停下来，而虫子是消灭不完的。

于是，心一横，牙一咬，我蹿了进去。最后也好好地活了下来。跨出那一步，是非常非常重要的！走来走去的次数多了，也就没那么怕了。但最好还是尽量避免遇见吧！那种因害怕和嫌弃而全身发毛的体验真的是太难受了！

该标准的地方不能含糊。

其实，管子长点短点不要紧，只要相对长度保持一致就行了（比如冷水和热水的进水，肯定要仔细测量），但像花洒和洗脸台之间的宽度，多点少点不重要，和原来差个三四厘米的距离，并不会影响使用，就没必要那么纠结。当然，如果能够做到精益求精自然是更好的！

目前，水还没通，一切都还不能下定论。

还剩下进水阀没有安装，因为我们还是没有太多概念，应该留多长的管道更加合理，所以打算在安装的时候再让师傅帮忙剪一下。

尺寸一定要计算清楚，尽可能保证精确度。

一直忙到天黑，已经是晚上 8 点多了。

我和小乔饿到忘了饿，布水管的工作也基本结束了。接下来，等地面加高，接上地漏就大功告成了。下一步就是整屋顶，然后就可以布电了。

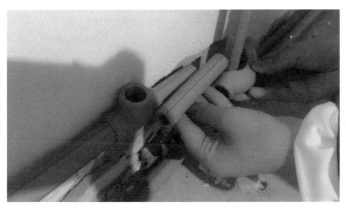

重叠的地方用过桥。

拾 月

—你好，再见，萤火虫—

这世界
再没了
暗夜中的秋光流萤
可能是因为
有了
繁花般的璀璨灯火

10月1日

星期日　阴转小雨

国庆节，是很多朋友放假的日子。但我们不放假，对我们而言，天天都在放假！

今天的主要工作是量屋顶的尺寸，这样才能让三合板跟它精确贴合。

在此之前，我还买了双面铝箔保温膜垫在内层，希望能够保证屋内的保暖和抗热。当然，我只是这么觉得，至于最终效果如何，还得等装好之后到冬天才能知道。其实，我还想了很多种美化屋顶的方法。比如用带着叶子的细竹枝层叠交错覆盖满，看着竹子的颜色由青变黄，也是一番景致；还想过用杉木条一根根地镶在方框内，看上去整齐又原生态……为什么我要选择这样的方案？因为省事又省钱呐！

接着便要开始量一下屋顶每个小格的尺寸。我计划把那些横在屋顶的圆梁留下来，毕竟，这种质朴的大木梁子在城里并不多见，本身就有一定的特色和装饰性，有必要保留。

首先，我得搭起脚手架。

脚手架是个好东西，而且拆卸方便，除了跳板以外，架子都比较轻便。租来的脚手架质量并不是太好，明显年头已久，有的地方都被掰弯了。而且，现在已经有那种可以让跳板分层的脚手架了，调节高度更加灵活。不过，看在老板给我的价格比较便宜的份上，就将就着租了。

　　当我站在两层的架子上时，双腿一直在微微颤抖。五米多的高度，在旁边没有护栏的状态下，保持身体直立还真是困难。

　　再一次服气小乔。测量前，她就自个儿拿了把大竹笤帚，"噔噔"上去气势如虹地将屋顶清扫一番，结果还真扫出了一堆以前从没见过的新鲜玩意儿，比如白色的蛇皮……

　　接下来就是瑟瑟发抖的我，站在高处量完屋子的尺寸，又是大半天过去了。由于屋梁都不是直的，切割成小板子的话还是需要精确一些，否则，会出现塞不进去或漏缝的情况。

　　于是，看似简单的事情就变得复杂和繁琐起来。

推着我满屋子跑的小乔。

Tips：

　　脚手架分很多种，按材质分有木制、竹制和钢管的；按构造形式分有门式、桥式、挂式等。

　　最常用的就是门式钢管脚手架了。每组脚手架有两副支架、两副斜撑和两块跳板。如果架子层数高，还需要另外租一组轮子便于拖动。脚手架一般是租用的，先支付一定金额的押金，然后按组计算费用。一般一组脚手架一天的租金只有几元，很便宜。

10月2日

星期一　阴

　　小屋附近的桂花一夜之间都开了。

　　前几天，就有一些提前开了，要使劲吸着鼻子，才能嗅到一丁点幽幽的香气。今天来到小屋，开门下车，便仿若置身花海。屋前空地六七株，屋后更是漫山的金桂、银桂和丹桂。最香的，就属金桂了，很多小区里种的也都是这个品种。翠绿油亮的叶子下，簇拥着如小星星般娇嫩的花朵。清风拂过，婆娑阵阵，甜香中夹带着零星的小碎花，像一只只迷你蝴蝶，飘落到头上、肩上，整个人也跟着香了。折几根枝子插在小瓶中，放在屋里，屋子都仿佛更加明亮了些。

　　文艺，是无用的必须。

　　下午和"伟星管"的售后联系好来测水压。心里还是很忐忑的，怕要返工，担心出现一些我们难以解决的新问题。

　　上门测压，就是将水管接好后，给水管施以平时水流八倍的压力，来检查水管是否还有没焊好的地方。师傅测完后，还很负责地看了看管子，得知是我自己焊的时候，夸道："这比一般师傅焊得还好啊！你的水平能拿到 35 块钱了！"

"嗯？ 35 块钱？"

"人家是 31 个平方，你能要 35 块钱一个平方了！"

哇！这样啊！

怎么可以这么帅！

他还说我焊接的这种是标准的双眼皮。以前，我只知道倒酒有双眼皮这么一说。我知道这不是恭维，是发自内心的赞叹。

好吧！我接受了。

心情不错，晚上和室友去吃糖葫芦！

下午，我们在收拾厨房的柴堆时，还意外捡到三只小老鼠，真的很萌很小只，通体红红的，还没有长毛，应该是刚出生没几天吧？本来都没有发现它们，还是我的猫子"腌鱼"突然间在厨房跟吃了猫草似的狂掏柴火堆，靠近时就发现一个鼠妈妈带着四只小老鼠。

不得不说，鼠妈妈真的很勇敢，在天敌好奇的骚扰下先行躲开。以为它就这么溜了的我正要走过去将"腌鱼"抱走，鼠妈妈却又折回头，从"腌鱼"的眼皮子下蹿回去，叼起一只小老鼠就跑。可它只叼去了那一只，就再也没出现。我有点慌，从未养过这么小的老鼠。弄了几滴猫奶粉，可它们又那么小，并不会舔，只会闭着眼睛，发出"吱吱"的声音。我只好脱下一只袜子将它们轻轻地包起来，放在屋后。直到我们离开，它们的妈妈也没回来把它们接走。

躺在袜子上安睡的小朋友。

今天上午再去看的时候，三只小老鼠已经死掉了。蜷着小身子齐齐地排成一排，像在安静地睡觉。直到离开这个世界，它们都没有睁开过眼睛。不知道它们的妈妈为什么就不要它们了，我唯一能想到的可能是它们沾染上了人类的气味，加之被挪动了地方，便找不到了。想到这儿，我很是内疚，不该那样人为干预，随意处理，反而害死了它们。再想想鼠妈妈，刚刚得到的宝贝却又失去，虽然不会像人类那样表达复杂的情感和情绪，但痛苦程度应该都是一样的吧！

如果真的有转世一说，希望将来它们能投胎成人见人爱的小狗狗，被好好地呵护长大。

为它们的默哀也只能那么一小会儿，该做的工作还是要继续完成。

用气钉枪钉三合板，速度应该很快吧？

手脚并用的祖传贴膜大法。

大约用了三个多小时。我们把板子裁成尺寸大致相当的小块，再爬上去一块块比着钉。过程不复杂，却艰难。"高处不胜寒"的恐惧，夹杂着气泵运转时发出的巨大噪音，仿佛一个不小心，声音带动着空气的震动，就能把我们给颠下来。保温膜还是很容易垫的，起先用泡沫胶粘，不仅速度慢，还费钱，由于房梁上的灰尘木屑无法彻底清理干净，也影响粘贴效果，于是直接用钉枪钉了。由于它很软，对尺寸的要求就没那么严格，少了再裁一小块补上，多了就往缝里塞一塞，时不时还会跟百脚虫来个不期然的偶遇，让我打心底佩服自己——这么高也爬得上来，还能倒挂着紧紧吸住不掉下去！可是，真心不想跟它们红尘做伴啊！

　　我们钉三合板用的是长得像订书钉的骑马钉，也叫"U型钉"。开始用普通的"T型钉"，但板子太薄，气钉枪的冲力太大，一钉就穿透，而骑马钉还能将板子和板子之间固定起来，更加牢固。

　　到了中午，热心的房主大姐又给我们送来了热气腾腾的大肉包，刚好饿了，赶紧一溜烟下来抓起一个就啃起来。嗯，是小确幸的味道。

10月9日
星期一　晴

　　"十一"长假过去了，板子也全部钉完了，我们也迎来了正式开工以来的第一天假。

　　其实，对于我们来说，只要下雨就是假期，但那是被安排的，并不是我们的本意。而且，即便是下雨，也会去构思下一步的工作怎么安排，并不能完全放松。虽然每天都像是在不务正业，但体力上的消耗让我们两个女生真心吃不消。脚手架装起拆掉再装起，无数次的爬上爬下和弯腰起身，还时常顶着酷热，忘了喝水吃饭，有趣归有趣，也磨人。

　　钉最后一排的时候，小乔告诉我一定要用心一点，因为也许这辈子都不会再有机会去做这么一件事啦！今后就算要翻新，以我的性格，也只会去做另一种尝试。于是，我们经历了从一开始的不适应却小激动，到钉得手软想砸板子，再到小心翼翼充满仪式感地去钉完这最后两排。这让我想起上大学的时候。刚进大一，特别兴奋，加入各种社团去交各种新伙伴，认识学长学姐，和同学一起到处聚餐，专门包那种便宜的通宵场去唱歌。到了大三就进入盼着毕业的状态，特别是看到大四学长们出去实习，那份羡慕和急切，比高中时憧憬上大学还更甚一些。再到大四拍毕业照的那天，我们突然发现怎么就这么毕业了？大学还没怎么好好学，就这么结束了！满心期待的同时，带着些许失落和迷茫不安。毕业聚会上，大家都喝了酒。其中有个男同学抱着寝室室友痛哭，说着伤感的话，仿佛毕业之后再也不会见面似的。当时，觉得这场面很是夸张。如今回头想想，觉得这个男同学还是很有先见之明的。毕业后的我们早已各奔东西，再难见面。

对了，昨天还做了一件特别有意思的事。屋顶有片瓦碎了，下雨天就会"哗啦啦"漏雨进来。于是，我们又有机会体验了一回上房揭瓦的快感，"嘎吱嘎吱"小心翼翼踩着屋顶的瓦片，将新的换了上去。站在高高的屋顶上，看着前方那片小树林，鸟儿们在林子里穿梭——我，就是这里的山大王。

10月10日
星期二　阴

　　和室友说好了，下一步工作完成，就去绩溪吃胡适一品锅。

　　清早，就从冰箱里拿出刚到的疫苗，给三位主子（我的猫子们：腌鱼、毛肚、火鸡）打针。

　　要是去宠物店打，一针就得四五十元，一般小主都要打三针加一针狂犬，这么算下来，打完全套还是挺贵的；自己打针的话，买齐三套疫苗才花不到100元。给猫狗打针并不难，都是皮下注射，只要把打针的位置用酒精消毒，再拽起外皮扎进去，抹一抹酒精就完事。我先让室友拎住主子的后脖子（拎猫儿那个位置是不会疼的，猫妈妈转移小猫都是叼那个位置），再一只手扶住后腿，就可以开始我的"虐猫之旅"了。注射的时候，一定要心狠手辣，心一横戳进去，二话不说推药。针在皮肤下不要垂直，也不要平行，稍微留点角度，会比较容易推。千万不能犹豫，否则猫疼在身，你疼在心，都不好受。当然，手速过快也不行，会很难吸收，导致鼓包包。

　　虽然是猫，但打起针来也会跟小朋友一样哇哇乱叫，而且也能预知要打针了，抱起来刚放在腿上就显得很是不安。

"火鸡"是捡来的小野猫，一直比较怕人，只要被人抱在怀里就立刻一副怂样，所以就算疼，它也不敢随便乱动，是最容易上手，也是第一个受刑的。

"腌鱼"则像宝宝，给它打针的时候，它就哭天喊地，不再是平常细软的"喵喵"，光是听声就很难下得去手。好容易克服心理障碍打完针，就立刻紧紧抠住小乔的肩膀，小心脏怦怦直跳，哼唧唧地呜咽着，仿佛是在诉说委屈："妈妈，痛痛！"

我看你们一个个都反啦！

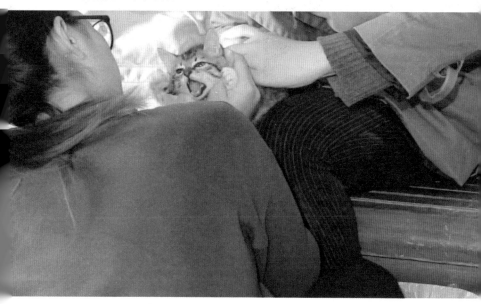

而"毛肚"是最难办的一个，之前就领教过这个戏精的精湛演技。有一次，三小主同时感冒，鼻涕横流，喂药器还在路上，便将感冒药撒在一张小纸片上，折道小沟，掰开嘴往喉咙里倒。另两只还挺好办，喂完赶紧喂点酸奶压压惊，就糊弄过去了，只有"毛肚"死活不吃，拼命挣扎，最后一巴掌呼过来，直接拍得我手一抖，药粉全洒进它嘴里。之后，它就眼泪汪汪，腿脚绷直，口吐白沫，不知道的还以为我给它喂了一斤"三步倒"。

这便是年度戏精"毛肚"了。

朕走后……最放心不下的……便是这片江山了！

今天打针也是一样，"毛肚"看到针头就想溜，也不让我们揪住它命运的后颈脖，连一直温和的小乔也发飙了，双手直接逮住它的前后腿，膝盖顶着它的背——画面太残暴！一针下去，"毛肚"发出杀猪般的嚎叫。这心理阴影不知道需要多久才能修复，只能以后多喂点它爱吃的酸奶作为补偿了。

上午在屋后，又遇到了虫界超模"大长腿"。身子很短小，大概只有 2 厘米的样子，但弓起的腿有五六厘米长，没敢凑近看，更不敢一根根去数有多少条腿，只用余光迅速扫过估摸了一下，差不多得有 20 条吧？头上还长着又细又长的触须，大约有 10 厘米，周身灰褐色，以至于我一开始把它当成了一撮枯萎的松针叶子，直到它突然动起来，我仍以为只是一阵风吹过来。

这玩意儿叫"蚰蜒"，喜食小动物和蜘蛛，长得吓人，却不会主动攻击人，相反，还非常惧怕人，属于代谢较低、生长缓慢、繁殖能力差，而寿命很长的物种。想想它好不容易才长成现在这么大，被一脚踩死只需零点几秒，莫名心疼。

今天的工作主要是盖土。上次埋下的管子，土可一直没盖呢！考虑到光用土埋着，时间久了可能会被压坏，就决定用混凝土先垫一层。刚好水泥和沙都齐全了，开干。

第一次和水泥，并不清楚该用什么比例。想到后面砌墙、贴瓷砖什么的都得用上，刚好趁这个时候练练，毕竟埋在土里面只做固定用，对比例要求也不会太高吧？

水泥真心是沉！一包米袋大小的水泥就有 100 斤。再加入粗砂和水，和均匀就是混凝土了。一锹铲下去，愣是抬不起来，只好半锹半锹地搅拌。光那么一小堆，就用了近半小时。这要是来个套马的汉子，估计也就是三五分钟的事吧？

我用的是水泥和砂大约 1:2 的比例。水就看着往里添，最后搅和出来有点像不稀不稠的芝麻糊。

等明天水泥干了，再填上土，就完成了。不过，晚上下起了小雨，不知道水泥会不会被冲化。

　　这两天虽然总有雨，但白天给了我们充分的干活机会，不下雨，还阴阴的，也不热，干起活来还挺舒服的。收工的时候就开始下雨，真棒！

　　水泥很给力，用手按了按，硬硬的已经干了。而昨晚的小雨也来得很是时候，省得我们洒水防干裂了。于是，我们一下车就拿起工具开始填土。填土很轻松，只是脚底的泥土越踩越厚，走起来又沉又黏，像是在练功。填完后，便开起我的小越野，一挡、倒挡，在上面来回轧，当成压路机来使，直到地面又平又紧实。呵，老司机就是我。

　　刚轧完地歇下来，送砖的师傅也到位了。就要开始给卫生间砌上一面墙了！摩拳擦掌，准备上阵。

　　昨天，我们为这些砖也费了些心思。在红砖、水泥砖、空心砖等各种比较下，最后还是买了最为常见的红砖。市场上的红砖一般是要5毛钱一块，是有点贵的。我们算了一下那面小小的墙，竟然得要1000多元，也就是将近800元！对，没错，按照我那种砌法，需要约1500块砖，一平方米需要192块。不过，砌墙还有很多码放方法，码法不同，用量也不同。所以，我们又决定去那些拆迁的地方搜罗一些旧砖，能便宜一半的价格。

临到中午的时候，一车砖运到，掀起车斗"哗啦啦"全倒在大门口。我和小乔只能弘扬愚公移山的精神，运用真正的纯手工搬砖技术，将这堆砖一点点往屋子里搬，再堆放整齐。整个过程，那是相当之无聊。搬搬歇歇，直到太阳落山，才搬掉不到一半。小乔每趟最多只能搬动六块，而我只能搬五块……想起曾经在网上看到的那个用一条大毛巾一次搬二十多块砖的硬汉，就感到无比惭愧！

为什么一个简简单单的装修，中间会有这么多细碎磨人的活儿？

用砖量的算法

一块红砖的尺寸约为 24（长）×12（宽）×5（厚）厘米，每块砖的尺寸会有少许误差，特别是旧砖。如果你去买砖，对方会问你是多少墙。常见的有 12、18、24、37、49 墙，算法如下：

每种砌法的用砖量分别为：每平方 12 墙 64 块、18 墙 96 块、24 墙 128 块、27 墙 192 块、49 墙 256 块。

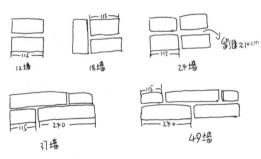

墙面厚度与砖规格的关系

10月13日

星期五　阴

　　大概是我们的愚公精神感动了上苍，这两天非但没有继续下雨，我们的举动被一位路过的大叔无意间看到，还把家里闲置的一台工地上经常能见到的那种手推车赠给了我们。这是一辆怎样闲置的车呢？且不说整个车身都锈迹斑斑，车胎也全是瘪的，并不是那种长久没有打气的瘪，而是已经破烂不堪的瘪，导致车胎的内轮都暴露在外。但真的不要小看了这台小推车，自从有了它，我们一趟能搬二十多块砖。虽然推着费劲，可好歹也是能滚动前行的！嗯，有了它，工作更轻松！这车用了三个来小时，便把剩下的砖全部搬完了。看着屋里码得高高的砖，自叹：这两个大美妞儿也是够可以的！

　　下午，一项艰巨的工作即将开始——给卫生间垫地台。

　　安装坐便器的话，一定要垫个至少高15厘米的地台，这样，水才能受重力影响排出去。如果是楼房就不需要垫了，所有的排水管道都是已经排布好了的。垫的时候，一定要有一个小幅的倾斜，能保证地面有水的时候，水可以顺利地往稍低的地漏处流。

我们首先量好了卫生间的尺寸，然后用电锤把要码砖的地面凿了些深深浅浅的坑。据说这样做码砖会更稳。起初，我们对"15厘米"这个高度并没什么概念，打算先用砖圈出高出的这个空间来，等填完地台，再顺着砖往上砌，卫生间不就隔出来了？

很容易嘛！

第一次砌砖，心里没底，但有句话不是说："孤陋寡闻无知识，糊涂胆大无畏惧"嘛！照着平日里看到的砖的摆放造型开始码不就是了！隐隐记得小时候在农村见过大叔们造房子砌砖的时候，好像还拉了一根线。由于记忆太久远，始终不能确定是什么，没多想，撸起袖子，不要怂，就是干！

码完两排，出现了严重的问题——砖码不齐啊！虽然码的时候已经非常注意两砖之间的齐整度，但砖与砖的尺寸本身并非分毫不差，一整溜码下来，还是出现了一点点歪斜的情况。我再次想到那根线，它莫不是做参考线用的？算了，还是打电话请教懂行的师傅吧！

小车发挥着光和热。

码放整齐。

问的结果是，不仅需要拉一根平行线，还需要吊一根垂直线，说是要利用重力学原理，保证墙的横平竖直，降低墙身倾斜倒塌的风险。

这就是不求甚解的结果。

不慌，人不就是一辈子在错与对的纠葛中成长的吗？

砌墙专业小贴士：

1. 砖如果干的话，一定要记得淋透水，保证砖的湿润度，否则，它会吸收水泥里的水分，影响水泥定性，容易开裂；但也不要湿答答的直接用。

2. 码砖的时候，砖不要直接往上堆，而要边推边压，形成一个"挤"的力量，这样，可以把底面的水泥推到两砖之间的缝隙里，形成一个小小的弧度，砖会黏合得更牢固。不平的地方可以用锤子轻轻敲平。

3. 在墙与墙的对接处，以及墙的转角处，需要植入钢筋以加固墙面。方法是先将旧墙要插钢筋的部位及周围墙面漆铲掉、凿毛，再用电钻钻眼，根据墙面宽度插入两到三根钢筋的1/3，在砌新墙的时候，把钢筋一起砌进去。没办法插钢筋的话，可以凿洞插砖，大约隔一米左右植入一次，有的隔60厘米植入，具体要根据墙面的高度来决定。

4. 需要新旧墙表面水平或直角连接处，要平整固定铁丝网做防裂处理，两边宽度不得少于15厘米。

10月14日
星期六　晴转雨

今天一直在断断续续地下雨。还好，这两天的工作主要都在室内，对进程没有太大影响，否则又得干着急了。

认认真真砌完四排砖，今天就要开始填地台了。

首先想到的填埋物是屋里屋外的碎砖头。我们深知砖头来之不易，并没有太随意，而是秉承认真的态度，经过一系列研究分析，又进行了细致分检，把看起来还算齐整的碎砖省下来留着后面砌墙用。可没想到把这些碎砖全都扔了进去，才只覆盖了薄薄的一层。

这可怎么办？

我突然想起房主家门口的空地，都是用碎石子铺的，加上我们一直就有把门口空地打造成小花园的打算，需要铲掉这些碎石，不如就地取材啦！并且，我们还有那辆生猛的小推车，用它拉点碎石，自然不在话下。碎石密度大，一车装下来比砖头可沉多了。

生猛如小乔，直接用脚踹着车往前推。

学小乔的样子，我竟把鞋底给踹穿了一个大洞，很尴尬！

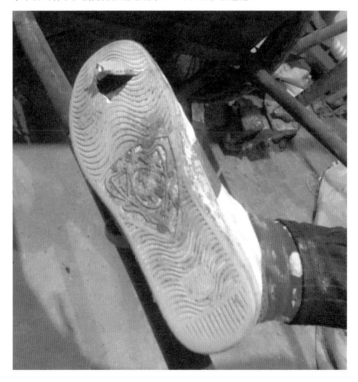

碎石子也填光了，仍是杯水车薪。只好开起我的小越野，跟小乔出去搜寻，打算找些大石头块什么的回来。

　　功夫不负有心人！我们竟然找到一个专门扔建筑垃圾的地方，刚好我们去的时候，有好几辆三轮车拖着垃圾打算倾倒，便挑了一车，让对方直接倒在家门口。他们倒在这种地方需要支付5元的垃圾处理费，倒在我们这儿不仅不要钱，还另给20元路费，三轮车师傅也是很乐意绕这一趟的。

　　在一堆碎瓷砖中，我们还认识了一种特别神奇的好东西——加气块！整块长度有60厘米，长得像混凝土板，轻得却似两块小砖。并不太清楚它的工艺原理，一般用在墙体中，具有保温吸音的效果。每块加气块的体积也是蛮大的，虽然建筑垃圾堆中的都并不完整，但也比砖头大十几倍。为了节省成本，我们又将之前放进去的碎砖一块块捡出来，重新放入大加气块，再将废瓷砖敲碎和碎砖一起填进缝隙中。

　　在进行最后的铺砖工序前，我又用黄沙浅浅地铺了一层，令其渗入细小的缝隙中，以免影响地台的稳固。最后，再厚厚地抹上一层水泥，将地台抹平。抹得不平也不要紧，因为上面还要贴瓷砖。

Tips：

　　抹完水泥的表面，第二天都要记得洒水，以防水泥干后开裂。在填地台之前，要用塑料袋将布好的水管口扎住，以免有碎石等异物掉落进去堵住水管。

10月15日

星期日　小雨

　　因为缺乏经验，不管做到哪一个步骤，都是摸着石头过河，而且开始的时候总是想当然，觉得很简单。

　　今天的主要工作是铲墙。如果卫生间墙面要铺瓷砖的话，墙皮是一定要铲掉的。

　　以前装修的时候请师傅，看他们铲得好轻松，心想应该也不是什么难事。我和小乔一人一把小铲子，天真地计划用这两把坚挺的两元小铲子创下惊人纪录。首先肯定要从最薄弱的地方下手，而这间房子的底部墙皮已呈脱落之势，于是从最下面开始铲，轻轻一推就整片掉落，毫无残留，不要太爽啊！

　　看来，今天铲完卫生间之前的三面墙和厨房的四面墙不过是分分钟的事。我想。

　　接下来，我们划分了区域。小乔个子矮些，就负责从下往上铲；我反之；铲到两人接头处就当是完成了一个小目标，休息一下。

　　可是，没想到我又高估了自己的能力！

　　整整三分钟过去，小乔把下面的墙都快铲完了，而我才铲出

不要太爽啊！

一个 20 厘米见方的小块！看着她的一脸嫌弃，我真想告诉她："本宫绝对不是在偷懒！"她站起身，走到我跟前，一副"你个弱鸡闪一边去"的架势，上去就铲，铲了两下，便瞪着无辜的大眼睛转头问我："怎么这么难弄？"

哼！

我们蹲下想办法。为什么下面的墙皮那么好铲，上面却不是？最终分析得出的结论是，可能因为下半部分经常会渗水进来，潮气重，时间久了就容易剥落。

那么，这就好办了！喷点水不就行了吗？

我们找出之前喷农药的浇花喷壶，开始大面积喷射，直到墙面开始反光。被水浸湿后的墙面好像确实好铲了些，可也只是好了一丁点而已。而小乔干脆直接把椅子拖了过来，坐在上边优哉游哉地铲了起来。

再次抬头，环顾要铲的几面墙，我的脑袋开始嗡嗡作响——这样铲下去，何时才是个头……

铲了一天，才铲了半面墙，两人却已精疲力竭。

　　人生中，第一次有了想搓澡的冲动。

　　从小我就没接触过搓澡巾这个东西，对"搓澡"没有概念。直到上大学的时候，有个室友特别喜欢搓澡，每次搓完还会在寝室感叹一番，什么搓了两斤灰下来，好爽之类的。于是，有回我洗澡就偷偷把她的搓澡巾拿过来用了一下——哇！那个搓澡巾看着还挺软和，一蹭到皮肤上就跟钢丝球擦在身上似的疼，紧接着便是一片通红。虽然确实搓出一条条泥垢，室友也说习惯就好，但还是因为怕疼放弃了。

不玩了，哼！

这回，我又一次想起搓澡巾。身上的泥垢已经伴着黏糊糊的汗水紧紧吸附在皮肤上，深深地嵌入毛孔中，堵得慌。这光用水冲可是冲不掉的！

同浴

雾气蒸腾中
一览无余
是我身子持续上升的温热
氤氲缭绕间
看不清楚
是你眸子不曾减退的慵懒
我们
明明已赤裸相对
却互不认识
也无须相识
其实我
看不懂
想不透
这家澡堂
为什么没有隔断？

10月17日
星期二　阴

　　早上，我们又去了趟建材市场，心想卖漆的老板肯定有办法。
　　老板卖给我们一个神器，说大家都是拿这个铲墙皮的，叫作
"铲墙刀"，其实就是一个可以用螺丝将美工刀片上紧的夹子。只
买头的话，只要 5 元，要是买带手柄就得 15 元。我们当然只买
了头啊！手柄这玩意儿，小屋里要多少有多少。
　　试了下，确实快了不少，就是比较费刀片，还没铲上一个平
方，就磨平了三个刀片。又是一天过去，本来就没想到会这么费，

于是，就有了它。

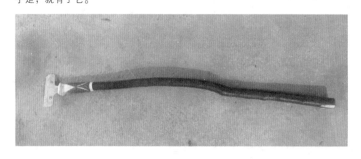

70

一盒刀片用完，我们就撤了。今天完成的面积多多了，一面墙也只剩下顶部的1/4了。尽管效率有了大幅提升，体力也有所节省，可铲完一面，还有三面！其间的辛苦加无趣，让我更加迫切地想找到更好的解决方案。

蛮干不如巧干！这不，我又想到一些新法子。

晚上回家登上了万能的某宝，这上面什么逆天的东西都会有吧？

果不其然！还真被我找到了——刨墙机！看了看产品描述，据说一天能铲好多平方，并且还有专门出租的商家。于是，我带着无比激动的心情询问了店家，说明来由，希望能租一台用用看。结果被店家以"九斤重，女生拿不动"为由无情拒绝……为什么要说真话呢？直接说我是个刨墙老糙汉不就分分钟租到了吗？

心有不甘的我们又深入了解了一下这个刨墙机，同时研究了一下使用视频和产品结构图，发现它的工作原理非常简单，就是用硬度很大的金刚石，利用高转速，快速将墙皮磨掉，然后有个出尘口（吸尘器原理相同），将磨出来的墙灰吸到一个袋子里。也就是说，刨墙的核心物件是金刚石，我们只要能找到一个能让金刚石高速旋转起来的动力机不就可以了吗？

我的心情不禁又开始小激动起来。

10月20日

星期五　阴

　　今天，我们的秘密武器——自制刨墙机，横空出世！

　　首先，我需要一台角向磨光机。接着，换一个金刚石锯片作为刀头。由于当地没的卖，网购等了两天才到。迫不及待地安装完毕后，就要去实践下效果了。

　　这可不是吹的，那威力真是杠杠的！磨刀一上墙，坚硬的碎墙皮砸得人脖子和脸生疼。赶紧套上我的生化服，戴上防护装备，继续干起。才用了十多分钟，就磨了一个平方那么多！简直太霸道了！

　　而且比那个什么刨墙机应该好用多了，因为机器的重量还不到两斤，只要顺着刀片的转向在墙面上游走就行了，并不费力。这也让我深深体会到"欲善其事，先利其器"这句话是多么的正确！

　　这么一来，用喷壶往墙上喷水的方法也是远远跟不上节奏了，从上大滚筒蘸足了水往上滚，到最后直接拿盆子往墙上泼。这么久竟然连个盆啊桶啊都没买，装水就直接拿房主家的电饭锅内胆了……用完洗洗干净应该还能用，希望房主大姐不要打我。

　　回想起初，我们一人拿一个小铲刀趴在墙上累死累活的，如今，这简直就是旧石器时代向第一次工业革命的飞跃。

就这样慢慢消失在你的视线。

金钢锯片的新旧对比。　　　　　坚硬的锯片被磨平。

使用前

使用后

两天半的时间，我们用掉了五个锯片才全部完工。每次铲完灰，抖一抖身子，我和小乔就变身小仙女，自带朦胧烟雾特效。只是墙面都被磨得如月球表面般坑洼，也不知道会不会影响后面的工作。铲完墙皮，地面上堆起了厚厚的白灰，约莫有2厘米厚。真想不到，竟然会铲下来这么多！于是，我们又拖着疲惫的身子，利用剩下的半天时间将地面清扫干净。那种装油漆的大桶，我们运了二十多桶，全都跟之前填地台的建筑垃圾堆在一起，在门口堆起了一座垃圾小山。

虽然此刻更想在家里好好躺上一天，但我一定要兑现承诺，带来自北方的小乔去吃一下"胡适一品锅"。不仅如此，我们还要去吃正宗的臭鳜鱼、焖粉、笋焖饭……希望我们的战斗力能够一直在线！

绩溪游记

绩溪是个山清水秀、人杰地灵的小县城。很多人知道这个地方，可能是因为大学者胡适。不仅如此，多的不说，著名的红顶商人胡雪岩，以及明朝兵部尚书胡宗宪等，都是绩溪人。

且先不管这些，吃饱、吃好才是最最重要的事情。

上午睡完懒觉才起，带着小乔和朋友边欣赏沿途如青毫淡墨般的远山，悠悠地在饭点时分开车抵达。

来的路上，小乔告诉我们，南方真的是好，在他们老家，能看到最多的就是胡杨和沙。可他们那儿的水土也不错呀，能孕育出小乔这般标致的大姑娘！

在当地友人的带领下，我们来到一家其貌不扬的"苍蝇小馆"，先吃上一份地道的"胡适一品锅"。开始我还纳闷，为什么明明是有四个人，却没问我们还要点什么菜？莫非这里的人都很抠门，打算只让我们吃这一个菜？

等菜端上来一看——乖乖！直接是用一个老旧的两耳铁锅装上桌的，满满一锅！锅内食材层叠有秩，油重色红，尝一口，都是原汁原味的食材。从上往下一层层，分别是鸡肉、香菇、猪肉、青菜、萝卜，错落点缀着油豆腐和蛋饺。肥瘦相间的五花肉被切成规整的小方块，看着硬硬腻腻的，对于不太爱吃肉的我来说，要不是酱油的色泽挺吸睛，我都没打算尝一筷子。可没想到，吃进嘴里，肥肉是那么软滑，里边却几乎没有肥油，入口即化；瘦肉部分也是夹杂着酱油的香，松嫩入味。问到朋友，才知这道菜

交叠有秩的"胡适一品锅"。

从大清朝时期便开始流传了。烹饪之前，摆好食材，放在最传统的小煤炉上，大火煮开后，小火慢炖。不仅如此，并不是像焖锅那样开起小火，盖上锅盖就完事了，而是敞着锅，拿一个汤瓢，坐在小板凳上，从锅的边缘舀出咕嘟咕嘟的汤汁往最上面一层淋，反复几个小时，直到汤汁逐渐见底才算完成。

还真是讲究呢！不仅是肉，连萝卜夹起来也都是完整硬挺的，吃到嘴里又觉香软！油而不腻，烂而不化，热而不烫，唇齿留香！

绩溪话很难听懂，据说即便是同一个县的，岭南人也听不懂岭北话。当地友人洪露招呼老板，说了一句话，我听的是"给我沏一壶香茶"，而小乔听出的是"给我切一根香肠"，其实本人说的是"给我炒一个青菜"！够可以的！

胃口大开的我们即便敞开来吃，也只吃了不到2/3的量。意犹未尽的我强烈要求打包带回家。

刚好这里离胡适故居不是很远，吃过饭，我们就优哉游哉地荡了过去。

这是一间典型的徽派建筑，白砖青瓦马头墙，水磨砖雕宽雅堂。我太俗，跨进去的第一感受竟然不是扑面而来的浓浓的人文气息，而是，嗯——这个家庭条件很可以的嘛！

一入大门，就是一间挺大的院落，地面上整齐地铺着青石板和鹅卵石。胡适先生从小便在这里嬉戏学习。屋内保存得也很是完好，不论是厢房内的雕花婚床，还是窗棂上的兰花木雕，都精细雅致，几乎没有损毁的痕迹。

胡适先生即使在当今，也拥有大批粉丝，很多人都想来此一观。可对于我来说，还是好吃的更具吸引力，不然怎么被称为"垮掉的一代"呢？眼里心里都是吃、吃、吃，一点深度、一点内涵也没有！

但我想：人终已一生，不就是为了追求幸福？而吃东西，是最快也最容易获得的幸福，不仅幸福，还满足。

下午，我们又去了龙川。光听这名字，就觉得精神一震。

村庄依水而建，呈一个船形，走进祠堂，里面的每个角落都体现出细节之美，并充满了仪式感。特别是里边的荷花木雕，不仅刻画传神，更是意味深远。

木雕位于祠堂正厅东西两厢隔扇门裙板上，各有十幅，每一幅都不尽相同。据考证，出自明代大家徐渭之手。而这个"荷"字，音同"和"，意为"一团和气"，家和而外顺。荷花主体以外，还搭配了很多有趣的动植物，意为"以和为贵"，和而不同，和谐共处。

宗祠后方为供放祖先灵位的地方，上下两层，隔扇门裙板上刻的均是形态各异的花瓶。据说本来有 100 幅的，现在只存 48 幅了。寓意"荷（和）瓶（平）"。

别说整座祠堂了，光这些木雕，若是展开说，也能洋洋洒洒写出上万字来。如果有兴趣，有机会，真的希望有更多人来这里细细咂摸其中的奥义。

逛了一个下午，身子有些疲乏，脑子却得到了彻底的放空。是时候再去品尝一波当地美食了，绩溪可还是徽菜的发源地呢！

徽菜擅长烧、炖、蒸，重油重色，偏咸口，起源于南宋时期的徽州府，就是现在的婺源、绩溪和黄山一带，而我们此行的目的，可不仅仅是来吃大家都听过的臭鳜鱼、毛豆腐这些，而是要发掘更多地道的土菜。

先说说葛粉圆子，所有菜当中最爱这款。首先，这个葛粉本身就很稀少，基本上是野生的，长在山中深深的土壤里。而葛根之所以难挖，不仅在于长得深，而且根系交错，一不小心就会把葛根挖破，导致其中的水分和淀粉白白流失。所以要用那种小小的锄头，一点点沿主根挖。将葛根碾碎后，先用清水漂洗，洗出黑水和较大的杂质，再放在一个滤布里，将布包裹严实后，用清水反复冲滤，挤出带有浓浓的呈米黄色的液体，最后将这些液体放在太阳下暴晒几天，等没有水分了，葛粉才算是做好了。

葛粉圆子的做法则更为复杂，光食材就有瘦肉、冬笋、香菇和当地的香干这几种。将它们都切成碎丁后，下锅煸炒，加入高汤和调味料后，将葛糊缓缓倒入锅中，一起炒熟。葛糊就是用冷水冲成的糊状。再将炒好的混合物取出，分块搓圆，滚上葛粉，上蒸锅继续蒸熟，这道菜才算完事儿。我琢磨，这古代皇帝吃个菜，估计也就这么些工序吧？

地道的葛粉圆子香软 Q 弹，加上各种美味的辅料，使这道菜的风味也不单调；笋干也是当地山里的鲜笋晒制的，咸香中带着嚼劲，和软弹的圆子形成对比，一口下去，千番滋味。

而小乔的最爱则是焖粉，连着吃下三大碗，也不嫌撑。它不是粉面，而是真的粉，是绩溪有名的"十碗八"中的一道菜。焖粉是用大米和茴香等香料混合炒熟后，碾成细碎的米粉，做法并不像葛粉圆子那么复杂。它是先将瘦肉、笋干和香干的碎丁放入锅中，配上油和调料翻炒片刻后，加水烧开，再用细漏勺将米粉筛入锅中，另一只手则不断搅拌，米粉在锅内吸水膨胀后，盖上盖，改小火小焖片刻。口感细软绵香，茴香的气味在口中回味经久，很是让人愉悦和饱腹。

　　说到"十碗八"，则是指绩溪当地人自古以来红白喜事的酒席标配，也是徽州的一种生活文化。最初是叫"九碗六"，即九碗大菜和六个小碟。随着生活条件的提高，上菜数量也升级了，碗都是蓝边大碗，上菜也是有固定顺序的。

上台鸡，下台鱼，是指第一个菜是鸡，意味着宴席正式开始。鸡，一定是一只整鸡，并且由老婆舅双手齐眉端上酒席，接下来依次是炒粉丝、海参子、肉皮、馒头包＋红烧肉、焖粉、笋片、虾米汤、肉丸子，最后一道便是鱼了，并且鱼一定还是要老婆舅端上。

同行的友人告诉我，馒头包和红烧肉是一道菜，小时候生活条件没现在好，办个酒席，端上来的红烧肉都是按人头算的，每人一块，而馒头是每人四个。每次上完这道菜后，人们都会将一块馒头扒开，把红烧肉塞进去，放在一边，边吃着剩下的三个馒头，边静等下一道菜。等酒席结束，就把这个馒头揣回家，第二天上学的时候，放在一个小火桶里烘热了吃。

现如今，不办酒席也能吃到这"十碗八"了，到底是老百姓生活富余了嘛！

路边十分友好的狗子。

10月24日
星期二　晴

　　活着，在等死。等死中，又在拼尽全力，为了更好地活。要么等死，要么更好的活着。一个地方，只有亲自去过，亲身体验过，才知道与光欣赏图片文字的意义完全不同。而昨天的游历，也让我们更加轻松，状态也强势回归。

　　言归正传，新一轮的项目是——砌墙！此时的地台水泥也完全干透成型了，只要拉好参考线，保证横平竖直，顺着往上砌，似乎也并不是很难。虽然我知道，作为一堆砖，它们也希望能被一个专业的瓦工师傅握在粗糙的大手里，温柔以待。

　　但，造化弄人。

　　这堆砖摆在我面前，就注定了它们和我之间漫长的纠葛，千摧万虐。想想也是，调出的混凝土时软时硬，很难达到正常状态，算作谁也接受不了啊！其实，比起砌墙，和水泥这活儿更加费时费力，不能一下子和太多，否则，弄不完晚上要加班；也不能太少，少了要重复作业，麻烦！

递砖也不是个容易活儿，特别是这种"拖儿带女"的。

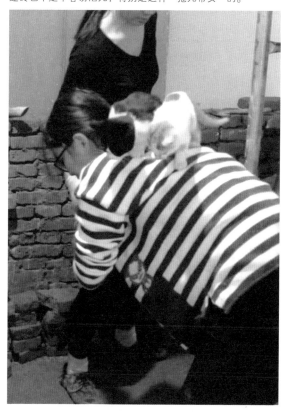

在无尽的期盼和等待中，砖头们还是迎来了它们的不幸命运。

水泥和沙加水后的重量超乎了我们的想象！估计一铁锹铲起来能有 20 斤吧！于是，小乔干脆拿着两把小铲子在一大堆水泥里边铲边和。我想，市场上那些卖铁板炒饭的，莫不也是因为这个，才发明了用铲子炒饭吧！貌似一把是三角铲，一把就是刮水泥用的刮刀！

砌墙还是很快的，一天下来就砌了一半，感觉美滋滋的！砌到大腿高度的时候，觉得就这么光秃秃一面墙太单调，想法太多的我又决定尝试一些新造型。其实，也就是把本应该横着码的砖竖了过来，形成一个凸起面，以后上面还能放几盆迷你的多肉植物，也挺好看的。

而砌到靠墙的位置时会比较麻烦，尺寸并不是刚刚好，需要用锤子砸出一个差不多的尺寸，再填上水泥。有时候，一个用力过猛，砖就碎了。不过还好，这种比较有技巧性的工作都是由小乔完成的，她会蹲在一边把砖弄得好好的递给我，我只要码一码就行了。

砌墙用的砖

常见的有红砖、水泥砖、水泥空心砖等。不同的材料，要根据地域、周边环境的特性进行选择。最为普遍的还是红砖，既牢又稳，不易开裂，砌法还多，可根据需求而改变墙体厚度，缺点就是每块砖都不大，砌起来很费劲。水泥空心砖，也就是混凝土空心砖，是很容易砌的砖，每块砖体体积都较大，宽度也足，往上堆一堆，一面墙很快就能砌好，但其单块砖体易碎，即使人们说它抗震性能高，我这个不懂建筑结构力学的学渣还是不敢随便使用，并且水泥砖对于女生来讲，还是挺沉的。如果是那种红色空心砖，就一定不能用来作为承重墙。前些年云南地震中倒塌的房子基本上都是用这种砖建的，事实不会骗人。但空心砖的保温、隔音性能，我还是挺认同的。

红砖墙的砌法

砖墙又分一砖墙、半砖墙和1/4砖墙。其中一砖墙和半砖墙可以在砌墙抹灰干燥后，再开槽铺管线。1/4砖墙不方便开槽，只能合着水电管线一起砌进墙内。

不同墙按照厚度有很多种名称，比如厚度为240毫米的一砖墙又叫"双墙""24墙"等；厚度为120毫米的半砖墙又叫"单砖墙""单墙""12墙""隔断墙"等。承重墙厚度必须在200毫米。

当然，还有空斗墙，那些是更加复杂的砌法。个人认为，只要墙不倒，可以尝试更多的砌墙方式。比如我们这种，当初是按照37墙算的，砌法算是一种独创。这种砌法看似创新，实则很蠢。为了让砖与砖之间保证相互错开，每一排砖都需要用锤子砸个半块。

10月26日
星期四　多云

　　不想去小屋，一点也不想去。想到砌错的那面墙就一点也不想去。

　　昨天，眼看着墙砌得越来越高，就快到顶了，在某个抬头的瞬间，我发现了一个不可逆的问题——不是说好了要错开码吗？为什么还是码出了一条条缝？

　　发现问题的我想把墙哭倒。

虽然我知道只要再码个五六层，再贴上瓷砖、装上门，我的卫生间搭建工程就基本完成了。

打电话咨询了师傅，回答说只要码得齐整，且并不太高，绝对不会倒，让我们放心地用。但我仍然不知道该如何面对那面墙。虽然见着就要砌好了，可看着这堵墙，整个人都觉得哪儿哪儿不对。

脑子乱乱的，干脆带小乔去板娘家喝点汤补补吧！

板娘是我以前奶茶店的邻居，挺有个性，也挺有想法的一个人。我的店已经好几年不开了，可我们依旧是好朋友。

到了瓦罐汤店，板娘刚好做了一大锅猪蹄。我知道她又不打算收钱，便偷偷扫了支付宝。她一边招呼店员给我们打包汤饭，一边用餐盒把猪蹄也装了满满一份递给我，接着问了问我的进度。

"唉！进度倒还是顺利，就是卫生间做得……总感觉哪里不对劲！而且砖砌得也不对，很烦！"想起她平时鬼点子多，我便道，"要不你下午没事，跟我去看看吧！到现在你也没去看过呢！"

"好啊！我一直想去呢！那你等我上楼换个衣服！"板娘两眼放光，没等我回答，便一溜烟地跑出了后门。下来时，她嘴里塞满了红心火龙果，玫红色的汁液沾得嘴唇四周一大片，吓我一大跳！

"你不想给我吃，也不至于这么往嘴里塞吧？"我开着玩笑。

"我儿子吃剩的，你吃不？"板娘含混不清地说着上了车。

到了地方，我带着她介绍了我们最近的工作成果，着重谈到了这里的重点工程——本该完美收官的卫生间。

"这个是什么啊？"板娘跨上地台，四处张望着，又走了下来，到处打量着问道。

　　"卫生间啊！"虽然不甚满意，可我仍不无得意地拉着她，指着那一排水管一边介绍着每根水管的功能，一边说道，"看，我厉不厉害？"

　　"你这墙干嘛的啊？"

　　"不是说了，做卫生间啊，卫生间得有墙啊！"明眼人一眼就能看出来的，问这问题不是傻吗？

年度摄影大作——《在废墟中拣砖的女人们》

"所以你的卫生间就这么点大？"

"是啊，多节约空间啊！你看我这么一设计，整个空间一点都没有浪费，而且很符合人的习惯和隐私需求！"

"那剩的一边做什么啊？"

"额……可能会用来做工作室，或者……还没完全想好。"

"那，我就搞不懂了！"板娘皱着眉头一脸不解，"你不就是因为嫌外面住得太小了憋屈，才回来找到这样的地方吗？要是你的卫生间这么挤，冲个淋浴都转不过来身，那你还回来干吗？"

一语惊醒梦中人。

板娘一边啃着不知道从哪儿摸出来的枣，一边兴致勃勃地抄起身边的锄头，说道："来吧，听我的，拆了！砌墙我不会，但搞破坏这种事，我在行！你们都靠边，我来！"

不到十分钟，板娘一个人把我们花了两天即将砌完的墙给推了。最终留下了半堵，是因为突然觉得还挺有美感的，也留点念想，不至于白干了。

砖砌错的问题完美解决。

嗯！板娘的猪蹄炖得可真软糯！好吃！

10月28日

星期六　多云转晴

好想立刻开始批墙灰。对于从未有机会接触这项工作的我而言，已经是迫不及待了！可在此之前，我们还要先完成另一项工作——厨房和书房的隔断。

最初，小屋是客厅和两个房间都做了吊顶，顶高为 2.8 米，所以两边屋子的隔断都没有砌到顶。其实，根本就不想做这个隔断。卫生间面积大，加之住的人少，就算有些水汽、异味也会很快散掉，不太会影响房间的氛围；但厨房不做不行，做饭的时候，油烟会直接飘到书房。

用什么隔？怎么隔？这都是问题。

今天必须开始这项工作。刚好房东之前盖房子还剩了一些料堆在门口，可以就地取材。用水泥砖继续往上摞的话，尺寸也方便接上。

脚手架拆了又搭，准备好混凝土，开干！

小乔胆子比我大很多，站在高处如履平地。于是，这次砌墙以她为主，我只给她打下手。

水泥砖除了沉点儿，也不是多麻烦的活儿。很快，门口那堆水泥砖就被我们用完了，但还缺一半。去买很麻烦，离得远不说，一车还拖不完。我想着刚好之前做顶的三合板还剩了很多没用完，可以搭个框子，再用板子给蒙起来，刷上白漆。所以砌的时候没有平铺，而是呈阶梯状一层层搭上去，形成一个造型，这样别人就会以为这是故意安排的。

　　蒙三合板也是很容易的，搭完框架，用钉枪钉就好啦!

"毛肚"：miamia，宝宝陪在你身边。

10月29日

星期日　晴

　　没心情休息，终于迎来了这个新鲜刺激的环节——批水泥。

　　之前的房子由于全都装了吊顶，整座房子的三角区域，裸露的都是最原始的水泥砖。要想将这部分做得和下方一样白，需要经历批水泥、刮腻子和刷乳胶漆三大步。这对我和小乔来说，都是一个非常大的挑战。

　　担心自己批不好，提前在网上查了很多资料视频。视频里的瓦工两只手熟练地左右横拉，我们也只能欣赏欣赏，佩服一番，学不到什么实实在在的东西。不过还好，经过前面的高强度砌墙训练，搅拌混凝土这种事对我们而言已经驾轻就熟了，重点在于怎么才能将这个水泥灰光滑平整地抹在砖面上。

　　起初，我们并不清楚抹墙需要买些什么工具。在工具店询问时，看见一个有双手把的超大号水泥刮刀，当即买了两个——这么威武霸气的刮刀，肯定是一抹一大片，多过瘾！还有一种左右手同时上的铲子，名叫"东北大铲"！真是长见识，以前只知道有"东北大板"！拿这个耍起，我就变身成"双铲老太婆"。并且我脑海里一直有一条压根不知道从哪儿得来的信息——刮灰之前，一定要打灰饼。可当真的把这条信息提取出来的时候，问题又来了——这个灰饼又是啥玩意儿呢？没见过，毫无概念，仅凭对文字的理解，大胆分析，应该就是需要做一个灰色的有一定厚度的饼状物，这样刮灰的时候有一个厚度可参照，刮出的墙面就会很平整。

于是，我天真地用一根小细棍，在离一头一厘米的位置割出一道白色的细线，作为水泥厚度基准线，打算到时候把水泥往上一糊，小棍子往里一戳，不就知道厚薄了吗？

机智如我！

没想到实际操作的时候，发现小棍子非常难用，遂弃之。不行，得好好研究一下，到底什么是灰饼。

这一刻，我再一次感到前路艰难……

整个下午，两个人加起来才抹了不到两平方米，加之灰饼堆得有点厚，抹出来的效果也是凸凹不平，无法直视……买回来的那个超大号刮刀也是禁看不禁用，根本兜不住水泥，而且得两人合力才能勉强将刮刀上的水泥糊到墙上，更别提什么平整了。唯一值得一提的，就是手里的这把小铲子。依旧是这把两块钱的小铲子，它铲过地，铲过土，铲过墙，铲过水泥……现在还用来辅助抹墙，不愧是我们家的铲子——哪里需要支援哪里，怎么折腾都不坏！我们也要拥有这种哪里都能上，又怎么都整不垮的小铲子精神！即使眼前的灰饼很扎眼，也弄不平整，但相信只要继续抹下去，盖住它们，仍然可以跟什么都没发生过一样！

拾壹月

—好凶—

别说话！

搬砖！

2017年11月4日

星期六　晴

任何事情都是开始前最快乐，充满着期待。

起初，干劲十足，一切都是那么新鲜有趣；而现在，当手连方向盘都握不住的时候，我感到烦躁不已。

总觉得这两天的水泥有点问题，颗粒特别多，好像是受了潮。我们过了个筛，竟然筛出将近一半的颗粒。

小乔是个节省的姑娘，她说用锤子砸碎了还能用。可当我们用小铲子铲到最底层的水泥时，竟然又发现不少片状水泥块。研究了许久，不知为何物，如何形成的，直到我机智地凑近用鼻子闻了闻，才发现原来是猫屎……

今天是给主子们打最后一针的日子。想起之前给它们打针的场景，真是它们受罪，我们心疼。

所以我们又想了一个好办法，就是让小乔拿着营养膏在前面喂，我在屁股后面戳针。没想到这个办法贼拉好用！除了扎针的那个瞬间，"腌鱼"不爽地边舔边发出"哇呜哇呜"的声音之外，整个过程，它都沉浸在吃货的幸福和满足中。

可是，这个办法只对吃货"腌鱼"有效啊！

"火鸡"嘛，它这么怂，实在不行可以暴力解决，只要使劲压住，它可是大气也不敢出的。但是"毛肚"老是一副"总有刁民想害朕"的架势，吃任何东西都要闻半天，可不好整呢！只有趁它熟睡的时候动手了。

不知道是不是因为第一遍的水泥加多了，墙面偏光滑，导致摩擦力减小，总是没办法抹得很平整，给第二遍的工作增加了不少负担。而且，水泥也是边抹边掉，出现了一个又一个的小坑，若是在刮平的时候力道稍微大些，更是整片整片地脱落。

　　不断尝试着砂和水泥的比例，等到终于有点感觉的时候，我的耐心也被磨到了极点。沮丧的我，坚持着把桶里最后一点水泥抹完，然后将桶远远扔了出去。

　　"歇吧！不干了！"我说。

　　"这么早吗？"小乔问道。

　　"嗯。"看了看掌心被磨出的大泡，我决定任性罢工。

　　一旦觉得自己干不下去了，仿佛就真的干不下去了。

2017年11月11日
星期六　晴

无理由地休息了一天。

什么都不做，手机也开启静音模式。当把车停在门口，放倒靠椅，打开所有车门，撸着"三小只"（我的三只猫儿），打算让小树林带着鸟叫虫鸣的风吹进来时，才发现虫子已销声匿迹，吹进来的风竟让我禁不住打了个寒战。

今年的"双十一"跟我们好像没啥关系。以前都要买衣服、护肤品什么的，对于真心不爱涂脂抹粉又不得不随大流的我而言，明明不觉得享受，却仍要例行公事般每天花时间去完成。现在住在深山老林，谁也看不见我，简直就是放飞自我啊！只要有能换洗、面料舒适的衣服足矣。更何况在装修这个特殊时期，什么好衣服都穿不了！

护肤品现在也不怎么用了，每天皮肤都是润润的。在北方，一会儿不擦东西，脸就绷得很。况且，我们这前有林后有山，空气也是干净得很，即便用最最普通的"大宝"，也能水灵灵一整天！

家里又有房，还不用交房租；吃饭，一碗十几个菜的小菜面才七块钱，土生土长的食材也更加新鲜有营养。在这里，生活品质不但能够得以保障，钱还比较难花出去。

感慨一番，继续记录今天的进度。

怎么说呢，最体力不支的时期算是熬过去了。低落过，厌烦过，后悔过，仍打算坚持下去。

之前，为了高效完成任务，还给自己安排了严格的工作节点，当发现到每个时间节点都无法完成预计的工作时，才会出现这种焦虑不安的负面情绪。回过头想想，安排节点这种事，简直就是多余。我们逃离北上广来到这里，可不是要给自己寻找新的压力。今后，还有大把的时间消磨在这里，不慌不忙，不紧不慢，不要负重前行，才是这片空间的正确打开方式！

想明白了，人就通畅了，便又带着小乔开车到处转，看看有没有谁家正好在盖房子批灰，好去学学。这还不好找，毕竟批灰这个步骤在正常家庭装修中还是不多见的，除非刚好有谁家要做隔断什么的，楼房也不好让你进去，只能去一些村子里找。可谓功夫不负有心人，最后还真找到一家。看到正在批灰的师傅，我们就跟见着偶像一样两眼发光，飞奔过去。

原来抹墙的水泥要先放一坨在一张约莫30厘米见方的板子上，然后拿刮刀反向铲起，再往墙上推，接着用力推平。如此重复，等刮完一大片区域的时候，趁着水泥还潮湿未定型，用专门抹面的一个塑料大板轻轻刮平就行了。这个塑料大板造型和刮刀相似，中间都是凹下去的小方格，这样，多余的水泥灰就会被刮进小方格里边。

　　好心的师傅听说是我们自己弄，嘴里哈哈笑着表示不信，身体却很诚实地教了我们一个绝招，就是万一某次水泥抹得过厚过硬的话，就要将自己催眠至一种被电击的状态，抖动着胳膊往前推，曰"抖动法"。

　　回去的路上，小乔问我。

　　这世间现在都研究出六维空间了，据说还有更多维。那你说，这佛是几维啊？

　　我说，无维呗。

我不在时，友人将葡萄挂在屋前。

2017年11月14日
星期二　阴转多云

付出不一定有回报，但一定会有收获。

从 10 月 29 号到今天，整整 18 天，我们只做了这么一件事。

小乔扛完水泥的手。

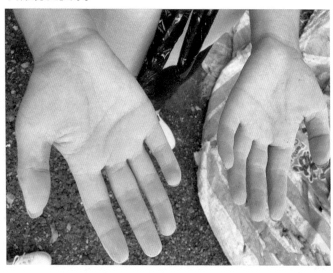

每天只重复做这么一件事。

每天批完灰，放下工具，持续用力弯曲的手指都不能伸直，一伸就钻心的疼。早上醒来，整个手就像是被大石头压了一整夜，又疼又麻，特别是虎口和掌心，疼得想拿刀直接剁了算了，还能坚持写日记？我可真是有毅力！

即便浑身脏兮兮、粘腻腻，也不想洗澡。这可能是我自出生以来，干过最累的活了！之前一天吃不了几口饭的我，现在动不动就有强烈的饥饿感，随便一顿就能吃两大碗饭，早上去吃小菜面也再没剩过，连汤都能喝得干干净净。见我们吃得香，店老板也高兴。

如今的我，已然拥有了一双女人本不该有的辛劳之手。由于手指的皮长时间接触水泥，变得干燥和粗糙，严重的地方已经开始皲裂脱皮，指甲缝里漆黑的水泥每天都洗不干净。而一直握着刮刀的右手，因为每次用力推开水泥而磨出的大泡，这么些天过去，也结成了老茧。

不过身子累了，睡一觉就好了。多亏有师傅的耐心指导。这些经验技巧使得我们后面的工作也变得顺利了许多。

虽然第一遍抹完的状态还是很粗糙，但随着手感逐渐变好，后面抹得愈发光洁平整。之前挂在墙上的灰饼也因太厚，实在盖不住，被我们用大锤子一点点给敲掉了。在施工的过程中，我们还遭遇了一面开裂的墙，从房顶一直裂到地面，可能是因为地基不稳，部分下沉导致的，看着还挺危险。于是，我们在这个特殊的位置贴上了网格布胶带进行加固。我们用的是塑料网格布，

小乔的冬衣也是相当感人。

还有一种铁的，总觉得时间久了会生锈，而塑料的只要不用火烧，怎么都不会烂。中间又听说这个是在刮腻子的时候贴的，可我们在刮灰的时候就稀里糊涂给贴进去了。也没事，到时候再贴一层，应该会更牢固！

工作结束后，我们不放心，还专程请来那位师傅帮忙看了看，结果被表扬比大师傅抹得还好，哈哈！也不知道是真心话，还是在鼓励我们。不过，我很确信我们的实力，慢工出细活儿，没毛病！

总之，专业人士可能只需要一天就能完成的六块超级大三角，我们用了十几天才整完，身边的人觉得吃力不讨好，花点钱让专业的人来做省时又省力。可我们就是想体验这个过程啊！只有体验过，才更能体会这些工作的艰辛和不易，对平日里那些看着脏脏的工人多了一份理解，更多了一层敬意。

不久之前，我们还互相不懂对方。我不明白凭什么工人只要简简单单刷刷墙、挖挖土，就能一天赚好几百元；他们也不明白我们凭什么不用风吹日晒，只要坐在电脑跟前打打字就能月入过万。

生活不易，理解让人与人之间更加和谐。幸运的是，如今这个社会，无论是脑力还是体力工作者，只要努力，愿意用心付出，都能拥有令人满意的薪酬。

这么多天过去，我们的批墙工作也只是完成了第一遍，还有两遍在向我们挥手……不过已经不怕了，有趣还是比辛苦多很多呢！

批水泥灰的一些经验和技巧

1. 如果力气不够，一次性和不了太多水泥，可以把水泥和沙直接放灰桶里面和，不失为一个好办法。毕竟在刮灰的过程中，也要不断搅拌，否则，水和水泥沙会上下分离，导致不均匀。而且，和完的水泥长时间不搅拌也会逐渐凝固，这也是为什么工地上总会有一台搅拌机，还有马路上行驶的混凝土车也是一直不停地在转。

2. 有时候会遇到砖与砖之间的缝隙过大的情况，一遍抹完，缝隙中的水泥还没干就塌了。这时，可以塞进报纸，堵上缝隙后再抹，第二遍遮盖后就完全看不出来了。

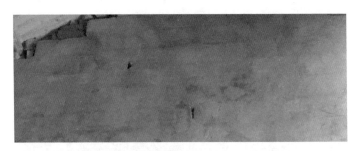

3. 水泥、沙和水的比例需要掌握好。如果水泥占比太少，或者水少了，抑或第一遍抹得过于光滑（水泥占比越多越光滑）时，就会出现这样轻轻一碰就大块掉落的情况。

记住，每一遍都不要抹得太厚，否则，也会出现这样的情况。我们用的比例以桶体积为单位，大致为沙3/5、水泥1/5、水1/5。更具体精确的比例就需要自己不断去调试和感受了，总之，是有很高容错率的，问题不大。

4. 对于原墙突出比较明显的地方，就用铲刀或锤子弄平，这样会节约整体墙面需要的水泥厚度。

5. 开始抹的时候，先刮起一大平铲水泥，用力进行大面积涂抹，不需要在意那些诸如边缘毛糙不平的细节，就跟画画一样，先整体后局部，后面抹的时候，这些小瑕疵自然会被覆盖掉。

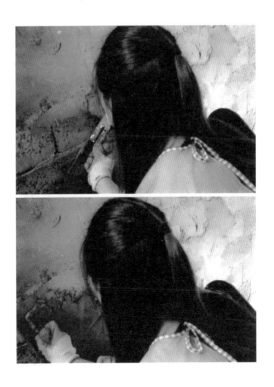

6. 如果有小坑和凹陷的地方，可用小铲子铲一点水泥补进去。

7. 大面积抹完后，可能会光滑，但不会非常平整，可以将瓦工刀继续匀速用力地从薄的地方开始修，刮刀侧边可将厚的地方刮掉。左手可以拿张木工板垫在下面接着，刮下来的水泥灰加点水还能继续用。

8. 刮完后，再用三合板平整的一面轻轻刮去凸出的小颗粒。

9. 刮第一遍的时候，需要增加沙量，可以使表面粗糙，增加摩擦力，方便第二遍刮抹；相反，刮第二遍的时候，要增加水泥量，减少沙量，表面会更加光滑。刮之前，可以用滚筒刷将底部的水泥湿润后再刮，会更容易推开，也不会因干燥而脱落。

10. 每刮完一遍都要认真刮平，否则，会严重影响后面的每一道工序，所以，一定不能偷懒，要耐心细致地对待每一遍。

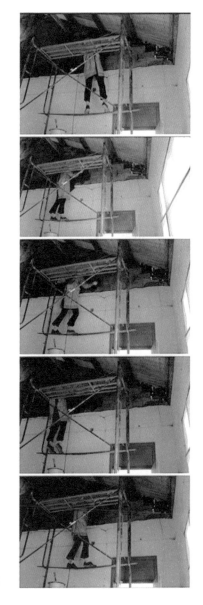

再练练能去大街上画个圈讨钱了！

2017年11月16日

星期四　小雨

　　从今天起，开槽布线。

　　如今的我，可不是当初那个手无缚鸡之力的软萌妹了，没有装万向轮的两层脚手架，挪起来也是毫不费劲的。

　　屋子之前走的全是明线，还是很影响美观的，空心砖不好开槽布线是个大问题。起初，为了避免埋线，我们也想了很多走明线的方案，比如用线在墙上绕出个怎样的造型。但这个方案比较费线，东绕一块西绕一圈的，弄完整个屋子会显得零碎杂乱。想不出更好的办法，只能还在埋线上打主意。

　　这个房子的开槽难度主要在于墙体材料是空心砖，能不能开槽、会不会把房子给开塌了，心里很没底。查询了很多资料，也没查出些什么有价值的信息。最后，我们找了个地方，开了个洞，试了试，发现如果只开浅槽，不破坏砖体、不布线管的话，厚度也是够的。那么，开始动手操作。

　　先是花了一个钟头的时间，把所有钉在墙上的线都扯了下来。幸运的是，整个房子的插座布局还是很合理的，插座盒的位置不需要动太多，只有卫生间和厨房有几处需要添加。卫生间最初是个贮存柴火的仓库间，没装灯，又暗又脏。这里最起码得留有一个灯、一个插线孔的和一个插热水器的位置。房间的线盒也要根据后面家具的摆放挪些位置，比如床头处肯定是要加个插座的，今后不论是放台灯还是充电，都会方便很多。而且，内置式插座盒需要凿深坑，背部要固定在墙体上，而空心砖就算凿开，后边也是空的，插线盒无处落脚，实在埋不进去，就只好还是按原来的方案做成明线盒，但愿不难看。

最终，全屋只在房间和厨房有新布的插座盒，厨房嘛，则是为了那个神秘的高端装置！

和之前的工作一样，开始还是一脸懵，不知该用什么工具，见都没见过，便继续使用原始的方法——手动开槽。可是墙体太硬了，还有一层厚厚的腻子灰和水泥，超级费劲！凿了不多会儿，

手动开槽可不轻松。

手就被震麻了，便又停工开始想办法。

此时，小乔是最爽的，躺在沙发上追剧，而我也心痒痒地想掏出手机玩两局游戏。不行！"忍着，玩物丧志！"我对自己说。

答案总是很简单，而寻找答案的过程总是很艰难，但事物也因此变得有趣了起来。

最终，我们又得到一个开槽神器——没错，就是把之前磨墙的机器换个刀片。但磨墙和切割还是有所不同，磨墙刀片是平行对着墙的，并没有什么危险性；而开槽的刀片是垂直对墙的，稍微有点偏差就会切到手。我们去机电店装了一个半圆的铁护套，这样用起来不但安全，手感也棒棒的！

于是乎，最初手动十几分钟费老劲才能开 40 厘米长度的我们，用这台神器一整道槽开完两分钟就搞定，切口还整齐，深度也均匀。赶紧膜拜一下自己！唯一郁闷的就是跟铲墙一样，会攘起很多灰，落在头发上，再混上汗水，洗头的时候头发都是涩涩的，洗不干净。这让我萌生了剪短发的念头！

切完两道线之后，就由小乔拿着起子和锤子把中间的部分撬出来。最初以为开槽就得用一整天，没想到几间屋子要开的槽在中午之前就搞定了。心想着布线更快，不就是把线卡卡好，钉在墙上吗？又没什么技术含量，只要心细，不要布得歪歪扭扭，高出线槽就行，两个人一个小时就能搞定吧！谁知事实完全相反。

本以为难开的槽子做起来轻而易举，而好钉的线卡却很难钉上。由于槽子被撬挖得凹凸不平，所以跟平时在墙上钉线卡完全是两个概念。要么是钉不进去，要么就是好不容易钉进去了，轻轻一碰就松了。那么多线，也抵不上我跟小乔的满头黑线……

不分白天黑夜地干了一天，加之布线还需要断电，天一黑就什么都看不见了。干到晚上6点多，我俩一人举着手机开着照明模式，一人借着微光继续钉线，才把主线布完。出门才惊觉冬天就这么来了，屋外已是一片漆黑，冷风吹过树叶沙沙作响，格外瘆人。我们在手机即将没电关机之前迅速锁门撤离。想到以后要住在这里，突然感到有点害怕。不行，屋外也要装起灯才行，而且要很亮很亮的那种！

回去的路上一直在思考，该如何弥补这个难以补救的错误——最开始打算把厨房也刷上厨房专用漆，可没想到用铲墙神器磨过的整面墙竟然呈现出不规则的漂亮纹理，就直接保留目前的本色了，也省得我们去买进口的厨房用漆了。但槽子一开就破坏了这种整体性，水泥修补的话，又会有色差且不会有这种纹理，最终就会像留了一条难看的疤，还不如走明线呢！

但是，又有什么办法呢？开完了才想起来，也只能贴瓷砖啦！但是！早知道贴瓷砖，又何必费那么大劲磨墙呢？气鼓鼓！

脑子是个好东西，但是得随时保持警惕，才不会被其他想法侵占啊！

Tips：

  厨房因油烟较重，使用一般乳胶漆会很容易损坏漆面，并且难以清洁，所以一般会使用瓷砖贴墙。如果厨房面积较大或为开放式，需要照顾整体效果，建议使用厨房专用漆。

开槽时的注意事项

  开槽尽量选择非承重墙，并且尽量开竖槽；横槽的话，也不要开得过长，否则，会破坏墙体的承重。如果是水泥砖或框架结构的房屋，抗震性差，开横槽会有极大的安全隐患，切忌开横槽。我们只开了腻子和水泥的部分，并未破坏砖体。

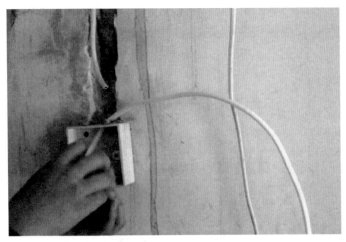

开横槽不要破坏砖体，否则就不要开！

2017年11月17日

星期五　小雨

　　很多人谈电色变，特别是女生，会非常担心因触电而危及生命。其实，布线、接线还是很值得体验的，虽然我初中物理也没学好，但零线、火线、地线，串联、并联这种还是知道的。如今，理论终于落实到了实践中了。利用这有限的物理知识，开始了我们的接线之旅。

　　想不被电打很简单，牢牢记住——务必在每次触碰电线前，确保电闸处于关闭状态。即便接错了也没什么关系，空气开关有避免漏电、短路等功能，会自动跳闸关闭。要注意的是，主线一般要用2.5平方的，电灯线接的是1.5平方的，如果是接插线盒，就要用2.5的主线来接。五间屋子分了四大组，书房和厨房一组、房间和卫生间一组、客厅单独一组、空调单独一组4平方的线。已很够用。

　　先将主线入接线盒，然后破开外皮，分离两根电线，剥出铜钱，用老虎钳将线头对折一下，按接线盒上标注的L（火）、N（零）分别接入火线和零线，带开关的接个过桥到开关的L1槽孔里——

是火线。火线是红色的，走电；零线是蓝色的，不走电；地线是接地的，一般用不到，这点对我而言有点复杂，好像是接在地底下的。接完后，用电工胶布完全缠绕即可。

因为线盒不够，加上有些位置还没最终确定下来，我们最后只接了部分线路，留下几处都用电工胶布将线头给缠绕紧了，如果不及时绝缘，便是极大的安全隐患。

小乔身怀绝技。

布线接线需要注意的几点：

1. 如果没有剥线钳，可以先把外部线皮轻轻割开，用打火机烧软，再用老虎钳夹住外皮扒开。如果是铜丝线，要格外注意不要用力过猛，铜丝又细又软，一不小心就会把里面的丝也夹断了。接多少扒多少皮，露出的铜钱有1厘米长就足够了，不需要露太多。如果技术不行，跟我一样留长点。

2. 在同一根线上破线的时候，不要并列位置，零、火线需要错开位置破；同理，对于长度不够需要接线的情况，要一长一短错开接，这样，不仅提升安全性，而且缠好防水绝缘胶带后，同一位置不会过粗。

3. 将线头插入线槽时，可将线头打个小弯，用老虎钳压扁，这样，固定在槽子里面比较牢固。如果直接插入线槽，很容易滑出来。

4. 缠绕电工胶布的时候，一定要保证完全缠绕，每缠一圈需要用力拉扯胶布使其变长一点，这样，胶布的稳定性会更好。

5. 一般情况下，开槽布线是要穿线管的，也就是护线套。由于我们房屋的特殊性，不能开过深的槽而破坏墙体，发生危险，所以只开了刚好能放下一根线厚度（约5毫米）的槽。而电线不能直接用水泥或腻子封，它们的碱性特质会逐渐侵蚀线皮，导致线皮破裂，发生危险。我们的解决办法是在线皮外刷了两遍胶水作为隔离，这是一种新的尝试。胶水是否可以生效，还待时间验证。

我国家用电压一般是 220V。

1.5 平方毫米的线的电流 = 10A（安）

承载功率 = 电流 10A × 220V = 2200 瓦

2.5 平方毫米的线的电流 = 16A（安）

承载功率 = 电流 16A × 220V = 3520 瓦

4 平方毫米的线的电流 = 25A（安）

承载功率 = 电流 25A × 220V = 5500 瓦

6 平方毫米的线的电流 = 32A（安）

承载功率 = 电流 32A × 220V = 7064 瓦

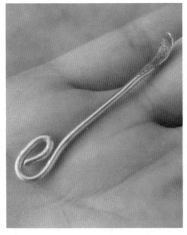

捡一截废电线，做一个挖耳勺。

2017年11月18日

星期六　小雨

做完这些活儿，我们又迎来一天的休息。

适当的休息是为了更好地投入到工作中去，何况，如今无任何生活压力的我们也没必要这么辛苦。不如——打游戏呀！啦啦！

身体沉睡的野兽，觉醒了！

今天的我，要彻底疯狂！

修手机是为了更好地打游戏，嘿……

2017年11月19日
星期日　阴

　　说好今天磨墙的，可当我们买齐材料准备动手的时候，一股神奇的力量指引着我抬头看了下屋顶。

　　我问小乔："咱们屋顶难道就这样了吗？是不是还要刷个漆啊？好难看啊！"

　　要是确定刷漆的话，就不能磨墙了，否则，漆滴到墙上，不是又得来一遍？临时做出决定，我们又跑去买油漆和喷枪，搭好脚手架，开始我们的刷漆之路。屋顶面积可不小，又将是一个长路漫漫的工程！

　　三合板想要均匀上色并不太容易，但我们还是打算试一试，不管几遍，总是能刷匀的嘛！我比较偏向于用刷子刷，不仅省漆，而且我想象中的状态应该是先把底漆刷均匀，再用干一点的漆蹭出些许浅淡的条纹质感。光想想，就觉得美美的！但小乔觉得刷漆费劲，坚持用喷枪喷。反正是第一遍，试了再说。于是，我们一个刷一个喷，倒也挺同步。

　　很快，坐着就能刷到的地方都刷完了，中间的部分站着嫌矮，坐着又够不着，只好跪着刷。跳板是铁质的菱形网格，跪在上边膝盖特别疼，坚持不了几分钟就得换姿势。最后实在没法子，"噔噔"爬下去找了两块三合板垫在下面，舒服多了。倒是小乔，她的身高此时体现出了巨大的优势，用自己灵活的小走位在跳板上轻松来回。刷到高处的时候，站起来的两人反倒觉得跳板变得又窄又挤，都小心翼翼地扶着屋梁，生怕不小心掉下去——这可有五米多高啊！

终于，刷到比跪着还尴尬的地方了！在这个位置，我不断解锁着新姿势——健身房仰卧起坐式、榻上美人侧卧式、校园草坪文青小憩式、海滩日光浴式……

窄窄的跳板，承载着两坨花样肥肉。

喷枪确实效率高好几倍，但小问题也多。于是，我又肩负起调试喷枪的重任。我们借来的气泵功率不够，经常是前面火力十足，渐渐后劲不足，喷枪眼因此容易被堵上，需要不断清理；气管也动不动就掉，后来发现是管口有点松了，剪掉旧的那截重新装上就解决啦！

终于，第一遍整完了，果然，三合板很吸油漆呢！刚刷完还挺白的，干了之后，木色又透了出来，白花花的一片。

此时，满脑子想的都是老妈炖好的大骨头汤。她给我打来电话，说是做了一桌子好菜让我们早点回家。也不知道今天是什么好日子呢！但小乔正干得起劲儿，提出要再来一遍才收工，还一边说着一边又提上来一桶，毫不含糊。也不知道她咋玩得那么嗨，连肉都不想吃了。

那么，继续干活儿，喷漆派和刷漆派自成体系，各据一方，又从白天干到黑。第二遍也快要结束了，好像覆盖的效果还挺好。

回家吃肉肉！

常用的一些漆的分类和使用

按照用途分类有木器漆、内墙漆、外墙漆；

按照性质分类有水性漆、油漆、乳胶漆、真石漆；

按照功能分类有普通漆、防水漆、防火漆、防油漆。

1. 一般木器可以用水性漆和油漆。油漆需要用香蕉水进行稀释后才可以用。但油漆气味大，不环保，现在很多人都会用水性木器漆，很快能干，可选颜色也比较多，但价格稍贵一些。

2. 内墙漆和外墙漆一般都可以用乳胶漆，区别在于外墙漆有很好的防水效果；外墙也可以用真石漆喷涂，出来的效果是磨砂颗粒状，很有质感。

3. 一般乳胶漆的颜色都可以调，买漆是很麻烦的，如果墙面想做渐变效果，那么，可以用丙烯颜料加白漆慢慢增加颜料量，从而调出渐变的效果。

2017年11月20日

星期一　阴

高兴得有点早！

今天，打开门一看，傻了，比第一遍还要花，没有一处是被完全覆盖成白色的，仿佛再来一遍也解决不了这个问题。我这才意识到问题的严重性，难道真得刷个五六遍才能完全覆盖？不过，小乔似乎很热爱这份工作，指着屋顶，认真说道："那就一直刷，刷到白为止……"

也只能刷到白为止啊！

天气变得越来越冷了，本就不算灵活的手指，变得更加笨拙。

正当我聚精会神仰着头刷头顶那片时，一滴大白漆"啪嗒"一下滴落到我的眼睛里，眼睛本能一闭上，就给粘住睁不开了——完了！眼睛怕是就这么毁了！我和小乔都吓得不轻，赶紧手捧自来水冲洗。水是那么冰冷，眼睛却依旧灼烫，伴随着恐惧，用大量清水冲洗后，闭着一只眼，迅速发动车子，去了眼科医院。还好，由于处理得当，救治及时，我这如同暗夜中闪烁的启明星一般明亮的大眼睛得以保全。

　　这就是不戴护目镜的结果，安全防范措施还是要做到位啊！

　　下午，回到小屋，我也学乖了，改用喷枪了。屋顶用刷的真是很危险！用了喷枪之后，才瞬间明白为什么连大骨头汤都吸引不了小乔——真的是很好玩呢，像小时候过家家似的！

装修界新秀组合——双枪姐妹花

2017年11月22日

星期三　阴转晴

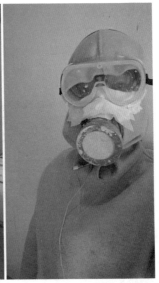

全副武装。

前面差点把眼睛给弄瞎，今天刷最后一遍漆的时候，又差点没把我的小命给搭进去。

香蕉水不够了，我们就近找了一家油漆店，买了一大桶香蕉水。还没喷两分钟，我和小乔就像被催泪弹击中般眼泪鼻涕横流，不得不爬下脚手架出去缓一缓。再次进入前，我们将塑料袋戳了两个出气孔，套在头上，戴上护目镜和帽子。护目镜周围全部塞满纸巾，以减少气体的侵蚀。可收效甚微，毕竟鼻子还是要呼吸的。终于，久站的我突然眼前一黑，晕倒在地，直到被冻醒，才略微缓过劲来，发现自己正靠坐在门口的屋檐下。小乔也不嫌冷，蹲在我身边像一只小猫，醒来时，看她还在网上搜索有关晕倒该如何救治的文章。幸亏醒得及时，毕竟无法想象小乔给我做人工呼吸的惊悚画面……

没办法，最后只能两人轮流进去喷，喷三分钟就立马出来，等刺激的气体稍微消散一些，再换人进去。如此，用了一整天，才将第五遍随便糊弄完。

写不下去了，头还是晕晕的，休息！

Tips：

香蕉水是一种易挥发的稀释剂，因有浓烈的香蕉气味而得名，有毒。皮肤接触到会变得干燥，严重时会皲裂，吸入高浓度香蕉水会觉得眼鼻有强烈的刺激感，而且会损害神经，出现如疲劳、记忆力下降、注意力不集中、失眠、头晕等症状，严重时会导致昏迷。

2017年11月24日

星期五　晴

　　不知道是因香蕉水中毒太深，还是懒癌发作，今天的我情绪格外低落，什么也没做，什么也不想做。看着客厅里那盆瑟瑟发抖的月季，我的心情也仿佛坠入一个冰封的世界。对什么都提不起兴致。也好，屋内的漆味太重，需要通风几天。刚好下午有一位朋友在杭州出差，离得不远，说要顺道来看看我。

　　下午6:30接到他，大店的菜式味道都差不多，没什么特色，不想带他去，他也确实被那些大鱼大肉招待成油腻大叔了。索性带他去吃了我们这里很有名的"广播大院麻辣粉丝"，外加红豆酒酿。红豆煮得烂烂软软的，泡在凉凉的酒酿里，亲眼看着老板娘熟练地舀两勺白糖进去，加满水，搅开，当看到红豆、酒酿和白糖融合在一起的那一刻，心中会泛起一份满足感。虽说这个小吃看着简单，但那么多家小吃店，也就这家的味道最好。

　　朋友连喝两杯。看着他那好像一辈子没吃过好吃的的样儿，忍不住又给他打包了一杯，让他回酒店慢慢喝。

　　朋友边吃边大赞："好吃好吃！比我在杭州研讨会这几天吃

的东西好吃多了！就要来这里吃才对！"

我心满意足地看着他。

他问我，这么大一份，在这边估计要十几元吧？想想也是，毕竟大京城里随便吃个牛肉面也得二三十元。

"粉丝七元，酒酿五元。"

"啊！这么便宜！"

"爽吧？"

"爽！好！真便宜！在北京，乘以二也吃不上这么好吃的东西！"

吃完饭，又顺便给室友带了一份香肠炒面，就领着朋友来到房子里。

麻辣咸香粉丝汤，一人一碗。

一路上，他大致明白了我的装修意图和整体构架，觉得很是不错。

"不过，我要给你提个建议！"刚刚在北京买完房，经历过装修的他认真地说道，"你在装修的时候，一定要记得多打点柜子！当初，我们认为打柜子太土，觉得图片上那些装修效果图简洁大方好看，装完后发现完全不实用。到时候，东西会多得超出你的想象，根本没地方放！"

我边开车边静静地听着。

"还有，卫生间一定要再三考虑清楚，预想好每一种可能后再动工，这样，能帮你节省不少空间。对了，我们家客厅装空调的时候，本来准备装个柜式空调，最后还是决定装个大功率的挂机，制冷效果其实差不多。你想，一个柜机就得占用一平方米的面积呢，这成本多大！"

是啊！即便是在六环，也是好几万呢！更别说三环的房价了。

他大致参观了一下我那片狼藉的屋子，问道："你的卫生间在哪儿？"

我指了指最里面的那个房间："喏！"

他进去转了一圈，又问："这么大的卫生间吗？"

"嗯，"我指着那片露着水管的高地，依次说道，"那是马桶，然后是淋浴，这里是浴桶。"

"然后呢？"他指了指余下的2/3的空地，一脸不解。

"洗脸台。"

"我去！这么大的洗脸台啊？你肯定不说真话！"

我知道他脑子里装的各种洗脸台都是什么样的造型。我偷笑，又嘴拙，便没有说得更具体，不过，我也没有骗他。

我又突然想，要是把门口空地挖个大坑做成游泳池，是不是就能活得像个土豪了？哈哈！

不过，心底深处还是很佩服这位能全部靠自己在北京买房的草根逆袭青年。

逆袭的草根少年

我认识他的时候是在北京。那是一个谁也不认识谁的场合，而我跟他站在一起，刚好用的是同款同色的诺基亚手机，而那个型号棱角分明，并不是大多人都喜欢的款式，于是相视一笑，顺便聊了起来，竟发现他是我的高中校友。若不是这种极小概率的巧合真实发生，学霸和学渣注定不会有交集的。

认识他之后，才慢慢发现他很爱学习，也渐渐知道了他是怎样一步步走到现在的。

他是农村孩子，小学时教学条件并不好，可以说是非常差，一所学校只有一间教室和一位老师，共五个年级，一年级到五年级同在一个班，没有固定的上下课时间，很多时候都是老师教高年级，剩下时间高年级教低年级。小学毕业后，他进了镇上的初中，又考到市里的重点高中，还被分到重点班，但仍是一个朴素老实且平凡的穷学生。我在普通班，还特别皮，自然不会跟他认识。再后面是大学，他考上了武汉一所普通大学，入学后，学习氛围也并不是很浓。他默默地去图书馆学习的时候，同寝室的男生们就聚在一起打游戏，顺便嘲讽这个不合群的农村少年。并不是他没钱买电脑，当时，他已能拿到各种奖学金了，只是他清楚学习更重要。大二时，当操着一口蹩脚英语的他立志要考北京大学的研究生时，不仅是遭到室友的讥讽，还遭到了整个班的群嘲。

然而，他就是做到了，最终被北京大学光华管理学院经济学专业录取，硕博连读。五年后，他顺利博士毕业。

他曾带我去北京大学图书馆看过一次书。我找了本相对有些意思的书看，但图书馆实在太安静了，我看了没一会儿，就趴着睡着了。醒来时，他仍是那个坐姿，翻着一本厚厚的书。我伸过头去，每页纸上那密密麻麻的英文小字，看得我头皮发麻。出来后，我问他："这么晦涩的论文，你是怎么看进去的？"他告诉我："很简单。刚开始看的时候，别说一页，就是 10 行都看不完。"于是，他给自己定了个任务，每天看 10 行，也不慌，慢慢看。直到有一天，他发现自己能顺畅地看完 10 行，便又开始看 20 行。当他能够坐在那里轻松翻完一页的时候，他发现再多翻几页也不成问题了。

都说知识改变命运，如今的他，已是中央财经大学的副教授，每年寒暑假都会带着父母到处旅游。去年，其貌不扬的他娶回了一位漂亮的同门小师妹，打算今年买完房，就举办婚礼，将幸福延续下去。从我这儿走后，他要去澳大利亚待一段日子，说是可以顺便坐坐热气球，看看袋鼠。当他全世界跑的时候，一定会很感激当年拼尽全力的自己吧？

2017年11月26日

星期日　晴

　　本来计划三个月完工的，眼看就快三个月了，我们的工程只进行了1/3，甚至还达不到1/3。

　　昨天和朋友见完面，晚上又刷到了一篇文章，叫《章子怡对自己到底有多狠》，看完后我血格满槽，热情澎湃，思绪万千，辗转难眠。同是女人，凭什么人家能那么对自己，而我不能？我也可以！

　　然后，早上醒来竟然已是9点多……

　　唉，可能这就是人与人之间的差距吧！

　　今天的主要工作是磨墙。进了小屋，隐隐感觉还有油漆的味道。激萌"三小只"已成"三大坨"，还是不敢放它们进屋，只能继续让它们窝在面包车里吃喝拉撒，着实受尽了委屈。

2017年11月27日

星期一　晴转多云

　　真的好冷啊！特别是这种阴阴的天气。

　　南方的冬天跟北方可不一样。很多人都以为南方很暖和，冬天应该也很好过，那也应该指的是"海南"的"南"吧！我们这边就不同了，顶了个"南方"的帽子，外边有多冷，回到家里一样冷——南方冬天的室内根本就没有暖气啊！加上潮湿的气候，每天被窝不开电热毯、不灌热水袋的话，钻进去都是冰凉冰凉的，好像连骨头缝里都被塞满了冰。北方就不一样了，虽然冷，只要隔住风，就不会那么寒冷彻骨。从小双手长满冻包的我，到了北方之后再也没长过，今年回来又开始长，心疼自己。

　　磨墙的活儿也是无聊透顶，就是用砂纸把墙全部磨一遍。

磨下来的灰。

2017年11月28日
星期二　小雨转阴

　　"维密秀"刚发生一起摔跤事件，小乔就不甘示弱，也摔了
一跤。

　　就剩最后一点难磨的外墙和客厅靠近厨房位置的那么一点地
方了。外墙我们又懒得为那么一点面积去搭脚手架，索性支了一
个长梯。

我知道你很疼，但还是原谅我不厚道地笑了。

晚上特别冷，但就剩最后一点点了，便决定全部磨完。没想到我刚把车开到旁边打开大灯，打算让外面显得更亮一些，小乔就华丽丽地从梯子上摔下来了。还好是有惊无险，虽然是头朝下摔的，可并没有摔到头，加上衣服穿得多，也没有受伤，真是不幸中的万幸。以后干活真得注意施工安全。

我们互相惊吓，又互相照顾。我扶起小乔，缓了缓，准备收工，没想到远处竟然传来小孩哭喊的声音。难道有小孩走丢了？我赶紧冲到路口，不远处一个约莫六七岁的小男孩边哭边喊着"妈妈"。哎呀！真的是小孩走丢了呢！赶紧上前安抚并询问，才知道只是把妈妈惹生气了，把他丢在后面自己快步先走了，人就在前面。前面哪儿呢？我抬起头，顺着男孩跑的方向看去——妈呀！最起码有 500 米远，有个小点儿在微微晃动。

这是生了多大的气，才舍得在如此偏僻的地方把孩子甩这么远！我和小乔一左一右陪着小男孩，紧赶慢赶地来到孩子母亲跟前，顺道儿数落了对方一遍。那母亲竟然还说是为了锻炼儿子，让他变得勇敢坚强。无法理解这种教育逻辑，再勇敢坚强的孩子也需要父母给予基本的安全感啊！这又让我不禁想起那些怀了二胎的妈妈，亲戚们总会拿小朋友开玩笑，说以后有了弟弟妹妹就不爱他（她）了，使得小孩特别没有安全感，从小就发自内心地排斥弟弟妹妹，生怕父母的爱被分走。

这种行为真的是既愚蠢又暴力！

2017年11月29日

星期三　小雨

　　这就要开始刮腻子了。

　　这是我们第一次见到腻子粉，比珍珠粉还要洁白细腻，摸起来手感特别滑，很像做冰皮月饼的糯米粉。

　　刮腻子和批水泥灰比起来，简直轻松到飞起。一个上午，我们就刮完了一个书房，只是搅拌起来阻力很大，比较费力。

　　今天，我们搅拌的腻子状态像打发好的奶油，软软的，却不像奶油般轻盈蓬松。小铲子铲起一坨，不会往下滴落。这种黏稠度虽然容易上墙，也只能起到覆盖的作用，像是在摊一张春卷皮。

当墙面有凹陷的地方需要一定厚度来找平时，它就会往下塌。

下午，我们重新调整了比例。减少水量后的腻子硬度变得很强，铲起来像一份倒杯不洒的冰淇淋，刮起来虽辛苦，效果却好了不少。厨房和卫生间不用刮腻子，只剩客厅的两块大三角了，并不是多大的工程。只是晚上到家，明明是很自觉地将衣服裤子上的腻子灰拍干净才进的门，没想到裤子一脱，反面粘的全是腻子粉，腾起一片白灰。小乔见状，差点没到屋外脱裤子去。

刮腻子的注意事项：

1. 先在灰桶里加入 1/5 的水，再缓缓将腻子粉均匀地倒入水中，倒至看不见水为止。放置 15 分钟（冬天放置 30 分钟）后，开始搅拌。若水加多了，很容易起小疙瘩，就跟小时候冲奶粉结块一样，会非常难搅开。小疙瘩上墙后，容易引起墙面鼓包或开裂。如有少量疙瘩，用水泥刮刀使劲压平即可。

2. 刮腻子和批水泥相反，墙面需要保持干燥，否则，会影响腻子与墙体的粘接；墙面还要保持无灰尘杂物，刮之前清理一遍还是很有必要的，不然，会出现空鼓脱层等问题。

3. 腻子不要一次性抹得过厚，否则，容易导致腻子层干缩开裂，因此，才需要分多批次刮墙面的腻子。若墙面有明显凹陷，可每次厚度不超过 3 毫米，进行多次批刮。

4. 接触过腻子粉后，要格外注意清洁皮肤，最好用卸妆油清洗一遍。

拾贰月

— 星稀霜重，知与谁同 —

谁说众生皆苦

不苦

哪里知道什么是甜

第一遍和第二遍刮涂腻子。

由于腻子需要彻底干后才能刮涂下一遍，加上前几天一直下着小雨，腻子难干，在边玩边等中，一个月又过去了。

已经不再有开始的那份焦急，现在的我，也逐渐适应了这种慢慢悠悠的生活节奏。没活儿干的时候，还是很惬意的，虽然天气越来越冷，但能够经常跟早年的朋友、同学小聚，聊聊往年趣事，只觉暖意融融。

这里的人每天都生活得不紧不慢的。在北京，早餐都是豆浆、油条、鸡蛋灌饼、杂粮煎饼这些能边走边吃的，久而久之，便也成了习惯。稍微悠闲一点能坐在那儿喝上一碗豆汁，再来一份卤煮的，多半是本地的大爷们。

我们这边最普遍的就是小菜面了。7元一碗的是素面，要是加肉就得12元左右。就算是素面，也是非常划算的。面煮熟后，捞进酱油汤碗中，就由食客自己端着去夹小菜。小菜专门放在一张大桌子上，大深碗盛有8～10种家常炒菜和酱菜，随便夹，不用另外加钱。有的店还会专门放个煤炉，开着小火，用大号铝锅"咕嘟咕嘟"炖上一锅臭腌菜烂豆腐，美其名曰"千里飘香"。

吃面的人，悠哉悠哉地坐在凳子上，不慌不忙地一碗面下肚，擦擦嘴，再晃荡着去上班。

当然，除了小菜面，还有小笼包、豆浆、豆腐脑、馄饨……不管哪样，都是货真价实、格外好吃的。像豆浆，每家店都是现磨现煮的，倒在一个大碗里，放两勺白糖，轻轻搅一搅，喝一口，又浓又香！对了，还有锅贴饺，皮薄馅足，用油煎过的底部焦香酥脆，吃的时候一定要拿个小碟，倒上香醋和辣椒酱。辣椒酱则是那种什么都不放，纯粹红辣椒加点盐磨成的酱，夹起一个锅贴饺，蘸上一点，咬下去，混合着肉香，幸福的一天便从此拉开序幕。

北京的工作时间是早上9点，可住得远的年轻人得6点多起床开始赶车，遇上早高峰，光地铁口排队进站就得半个小时。特别是到了夏天，夹杂在乌泱泱的人群之中，汗味头油味已是家常便饭，要是遇上一个不自觉的偷偷放个大臭屁，那简直是人间灾难！

这边就不一样了，一般是早晨8点上班，7点钟起来还能赶上吃碗面，也不会迟到。交通不拥堵，离得也近。有的公司单位还会11点下班，下午2点再上班，那么，中午就可以回家吃饭，顺便睡个午觉。而北京都是朝九晚六，中午有一小时的吃饭时间，点开外卖APP，各种优惠、各种红包，点进去一看，一份套餐四五十元，到手还要二十几元，一分没便宜，每天都要被迫套路一遍，很烦！若是赶上手里的活儿没干完，再磨蹭磨蹭，中午就连饭都别想吃，只能随便塞几块饼干了。

小菜面

想想我工作那会儿，早上很早出门，就算不加班，走到地铁口，再等地铁、坐地铁、出地铁，走到家，这个流程走完也得晚上8点多了。这时候才开始准备晚饭，吃完饭，洗个澡，收拾收拾屋子，11点多了。时间多被掰碎了，而我还要趁着这些碎片时间学习新的知识，很担心自己跟不上而随时被淘汰掉。加班什么的也是家常便饭，遇上不加班的时候，反倒不知道自己该做些什么了。对于尚未成家，又胸无大志的我而言，虽不存在生活的压力，只是不知终日奔波的意义，也是我最终选择逃离的原因。

这里的东西物美价廉，价格实实在在，该多少钱就多少钱，就算有贵的，肯定也是贵得特有底气。特别是菜，都有本身的菜味儿，西红柿有西红柿的酸甜，辣椒有辣椒的清香，不像在北京，除了土豆和萝卜有自己的味儿，余者吃起来都是水水的。

这里的空气很新鲜，很通透，深吸一口，感觉自己的胸腔都是润润的。地面上找不到一张纸片，路两边的树叶上没有一丝灰尘。可以随性地骑着小电驴，一览天高云淡。

人生只有一次，不想太委屈自己。

今天第二遍腻子开刮，平平淡淡的一天。

我特别喜欢填钉子眼儿，一小坨腻子堆上去，刮刀一抹一带，再用边缘刮平。刚刮上去是一排灰点，等腻子一干，墙面就跟什么都没发生过似的，一抹平，看着可舒服了，有效治疗强迫症。

中午又去了那家路边摊吃饭，离小屋大约一里多地。饭并不好吃，但方圆十公里内，只有这一个小摊儿，没有它，我们就要经常挨饿。老板是个爱笑的中年妇女，个很矮，还不及我的肩，体型敦实粗壮，嗓门尖锐，口音也不像本地人。小饭摊用一个普通的三轮车搭起，卖炒饭、面条、炒年糕这些，后边有一个用几根竹竿撑起的大棚子，支起一套桌椅。每次我们去的时候，都没有什么人，客人基本上是过路的大车司机，仅需能够饱腹即可。尽管如此，老板还是每天坚持出摊，10点多开始摆，下午1点多收。卖的东西也不贵，一碗面、一碗炒饭只要五块钱，能吃饱，一元钱可以加个鸡蛋。

这次去的时候，我们遇见一只狗，很脏很脏，黑色的毛和灰尘杂质捻在一起，成条状，一根根地覆在皮上，而皮下没什么肉，直接裹住一根根骨头。以前从没见过，可能是不知道从哪里流浪至此歇歇脚的吧！看着它可怜，便顺手买了两个鸡蛋给他扔过去。他也是可爱，一口叼过鸡蛋，蜷到一个它认为安全的角落，四下打量了一番，才开始吃，而且两个蛋都是先吃蛋黄。

老板打趣道："这看来不是一般的流浪狗，会吃，知道先把好的吃掉！"

我猜道："也许是怕好的随时会被抢走，所以先吃掉再说吧？"

我小时候吃东西有个怪毛病，就是喜欢先把不好吃的吃掉，再细细品尝好吃的部分。直到有一次，我妈给我买了个奶油蛋糕。

那时，家里条件并不是很好，差不多一个月才能有机会吃到这么一回高端零食。于是，我从下面开始吃，打算啃掉下面的蛋糕，再慢慢舔上边的奶油。哪知道当我把蛋糕啃出一个坑时，一个重心不稳，奶油"啪嗒"一声，全都掉在了地上。当时，我就伤心地哭了。从此，我只会先把好的装进肚子保险。

也许经历过一样的痛，我才会特别懂这只狗子，才知道改变习惯吧？

一处路边摊儿和两碗朴素的面。

2017年12月6日

星期三　　晴

　　天晴，腻子就干得快。今天是最后一遍了，明天这个节点就彻底完成了。

　　每天没心没肺地重复同一个动作，竟然有些上瘾。老房子被磕碰得坑坑洼洼的墙脚，也被我们调了些更硬的腻子给补上了，干后几乎看不出修补的痕迹，完美！

又改变主意了。

打算贴瓷砖，因为瓷砖非常好打理，油烟什么的抹布擦一擦就干净了，缺点就是价格贵，安装麻烦。

前段时间去建材市场买些小材料，路过一家卖水泥板的，觉着还挺好看，细问后了解到，水泥板是一种可以自由切割、钻孔、雕刻的装饰品，介于石膏板和石材之间。而且它还具有防火、防水、防腐、防虫等特性，这不刚好适合放在厨房吗？关键是价格便宜，那么大一块板才35元，买个六七张就够了！要是贴瓷砖的话，没个好几千元下不来，贴起来还麻烦。

安装水泥板有两种方法：一种是用胶粘，另一种是用螺丝拧。它并不是直接安装在墙面上的，而是先用4厘米宽、1厘米厚的杉木条在墙上钉出框架后，再将水泥板挂在木条上。水泥钉枪和螺丝枪会让钉木条的速度加快，用螺丝枪安装水泥板会非常省力，然而，这两样我们都没有，还是用锤子和起子一点点来。

锯木条也是个体力活儿，我们买的手拉锯，刚换上新锯条的时候特别好用，锯完三四根后就不利索了。不过，我们对这个五毛钱一根的锯条，也没有过高的要求。在不断实践和摸索中，我找到一个省力的方法。一般是将木条用一块砖垫起来，然后脚踩着其中一头开锯；而我则是坐在一把小靠椅上，将木条放在一条腿上，另一条腿压着锯，轻松又不费力。

水泥板整块尺寸为 1.2×2.4 米，直接用是根本抬不动的，所以将板子分成四等分，这样，安装时便轻松许多。每层错开排列也可以作为一种造型。老板建议我们用免钉胶来粘贴水泥板，但胶很贵，一管要 15 元左右，最多只能用 4 个平方，想想还是直接上螺丝吧！一大盒螺丝钉才 25 元。我们的单块板不大，一块板上拧 9 个螺丝，也会很牢。

起先，我们是先拧四个角，再拧中间。可水泥板的边角螺丝一拧紧就会裂开，整得我们都不敢使劲，一裂开可就带不住劲儿了。不过还好，我们在贴了五六块之后，就找到了窍门——如果从四边往中间拧，中间就会容易鼓起，当拧中间的螺丝时，自然会因为力的分散转移而挤压四边，导致开裂。解决办法就是改成先拧最中间的那颗螺丝，再逐步分散拧完。果然，就再也没出现过开裂的情况了。

Tips：

1. 上水泥板的螺丝定点不要太靠边缘，大约留出 2 厘米的出血范围，否则，容易带不上劲儿。

2. 木条有时候是稍微有点弯曲的。如果必须用整根木条，可以将弯的两头靠紧墙面，从中间往两头钉，可以将木条的反作用力分散掉。这种钉法，再弯都能给掰直了。最好是能锯断分开钉。

钉龙骨。

上螺丝。

2017年12月9日
星期六　晴

　　连被子都成精了，整个人被封印住出不来！昨天又加了一床棉被，超级无敌暖和。被窝里外完全是两个世界。早上吃锅贴？呵呵，此时的我意志力强大到能够拒绝被窝以外的一切诱惑。

　　昨天睡觉前顺手上网比较了一下水泥板的价格，着实吓了我一大跳，竟然是35元一个平方！要知道一块整板将近三个平方，那不就意味着近三倍的价格？不是说网上的东西比实体店便宜吗？我赶紧又查了查别的，也是惊呆了！一根杉木条在市场上买才4.5元一根，网上最便宜的竟然卖到4元1米，不包邮还要自提。

　　哇！真是看不懂市场！

　　好不容易和被窝难舍难分地说完再见，到了小屋，是格外的冷。蒙在屋顶的隔热膜丝毫不起作用，面对后山的厨房更是阴湿，握住脚手架才两秒的手掌瞬间僵住，凉气直逼到骨头缝里。"生火小能手"小乔，二话不说提了个铁桶便出去捡松针，我则坐在高高的脚手架上僵硬地锯木条。柴禾烧了起来，我还没来得及感受这温暖，就被烟熏得眼泪直流。

"小乔快别弄了！我快不能呼吸了！"

小乔抬头看了看我，这才发现我已经被烟雾所包围。

小乔赶紧拿起火钳将桶夹了出去，而我也赶紧到室外大口大口地吸气——差点没一氧化碳中毒！

待我们都缓过劲来，回到厨房，我和小乔都看见了灶台。那么大一个灶台在眼前不知道烧火，怕是个傻子吧？以前只知道烟囱就是一个合理的存在，却从未想过它能起到这样大的作用。熏着熏着，就突然想去吃柴禾烧的土灶鸡了。

2017年12月10日

星期日　晴

　　比起树枝，生火的时候，松针用得总是很快的，如果是像我这般技艺不精之人，会费得更多一些。不过还好，门前就是一片松树林，每隔一段时间，树林子里就会铺上一层厚厚的松针叶，这是大自然的馈赠。早上一来，就跟小乔弯腰捡了好多松针，估计一个冬天都差不多够用了。捡完的松针软蓬蓬地堆在门口的柴垛间，成了主子们日光浴的天然床垫。

　　虽然外面依旧晴空万里，厨房内仍然昏暗潮湿。我们用美工刀将才切下来的水泥板边角料割出各种不规则形状，补齐了屋顶的三角区域，也是挺有意思的。水泥板切割比三合板还要容易，划一刀轻轻一掰，就像是在掰一块薄款的压缩饼干。

　　中午，水泥板就全部贴完了。

　　不知道是不是因为光线不够，还是空间不够敞亮，完工后整体效果并不是那么好，水泥板灰灰暗暗的，错开的层次反倒显得有些复杂和多余。而到此，我们也还是没想到更好的装饰方法，也只能先这样。

我们留空没有贴板的那一面，便是打算做那个装置了，用来放柴。

　　之前的柴就堆在厨房的角落，加上柴禾堆再高也高不过两米，上半部分的空间都没有办法利用起来，占用了很大一部分面积。而且左边堆着柴，右边就是碗橱和操作台，柴堆里边很容易生虫子和老鼠，之前那三只刚出生的小老鼠，就是在收拾柴堆时发现的。厨房里边捯饬的可都是吃进嘴的东西，卫生很重要，于是，才有了这样的想法。

主子们日光浴的天然床垫。

这个装置说起来也很简单，是一个高为 2.4 米的门型框架结构的空间，右边顶部安装一个滑轮，下边吊一块 60 厘米的方形木板，这样木柴整理捆好后，可以放在木板上，通过滑轮运到装置顶部。横面则是一个向左约 40° 倾斜的通道，木柴运上去后，通过通道滑入左边的贮藏间里，柴禾可以堆放至少 3 米高。整个贮藏间是密闭的，只有靠近灶台最下方留一个 40 厘米的口，需要柴的时候直接在下面抽就行啦！但这个装置暂时不做，先把整个硬装完成后，当成软装工作来做。

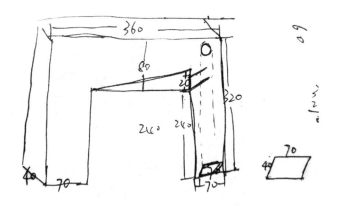

放柴装置图

　　本来今天休息，哪儿也不想去，哪知道昨天干完活儿着急回家，猫粮也忘了给，想想还是来到了小屋。

　　刚回老家那段时间没什么事，就翻翻久不登陆的微博，看到有个女孩说自己有两只小猫，但宿舍不让养，求领养。我们对猫猫是什么品种、长得好不好看并不在意，只是看很多转发和评论都是帮忙找领养人，却没有说想养的，便一时善心大发，去接了过来。

　　一只花狸猫，才一个多月大；一只奶牛猫，已经快三个月了。所以，体型相差也是挺大的。起名字的时候也是逗，不知道哪根筋搭错，想来个诗情画意的名字，便给小花狸猫起了个名字，叫"烟雨"。可每次叫这个名字的时候，都会有种难以描述的感觉，可能还是跟它的气质不符吧！最后换了个好养活的名，改叫"腌鱼"了，奶牛猫叫"毛肚"，叫这个名字也很简单，那天刚好一位杜姓朋友与我联系，平日里喜欢称他"老杜"，刚好"毛肚"和"老杜"谐音，也是吃食，就这么随意地定了。"火鸡"则是有一天去那家路边摊吃饭时捡到的。当时，它就坐在角落的一个桌子底下叫着，叫声相当之大，双眼除了迷茫和无助，还有一堆眼屎。我们走到它跟前蹲下时，它就停下叫喊，畏缩起身子，极小心地盯着我们，却并没有逃走的打算。于是，我们伸过手去，轻松抓了起来。生活在野外的它比另两只可脏多了，茸茸的毛发没有一点光泽，全身都是虱子肆无忌惮地爬来爬去。被抓到的当晚就让我带回家，三只一起洗澡灭虫。洗干净的"火鸡"特别好看，就是特别瘦，也格外轻，毛毛又软又蓬，抱在怀里更像抱着一只乖巧的小兔子。"火鸡"这个名字起得也很随性，带回小屋正想名字，小乔拿了支打火机准备熏艾叶。我灵光一闪，就这么叫了，这样，"三小只"就圆满了。

"三小只"也是性格迥异，各有不同。

"腌鱼"就是个十足的吃货，只要塑料袋一响，不论身在何方，都会放下一切飞奔过来闻一闻，看看是不是什么好吃的，并且在三只之中吃相最难看。最初，共用一个猫碗的时候，它会两只前爪都踩进去吃，扒都扒不开。后来，又加了两只猫碗，想让它们分开吃，"腌鱼"会先吃，而另两只猫只要一开动，它一定会走过去把余者挤走，接着吃别人碗里的。于是，经常会出现三只猫一边走一边兜着圈换碗吃，真是个霸道的小不点儿！

"毛肚"就是个大懒虫，能坐着绝不站着，能躺着绝不坐着。大部分时间，我们看到它都是四脚朝天躺在地上，而且特别喜欢我们使劲儿揪它，给它做 SPA，不愧是大爷！

"火鸡"约莫有两个月大，胆子特别小，很敏感，和我们刚见到它时差不多，到现在也没熟络多少。没事的时候就直叫唤，嗓门不仅出奇的大，还具有穿透力，经常缩在某个箱子里边、门板后面，是个害羞的小姑娘；也可能和它从小不安定的生活经历有关吧！

这段时间，还经常来一只偷猫粮吃的狗子。今天，它又来了。

这是一只瘦弱的成年母狗，比土狗还要土，从肚皮下边拖挂着的一排松垮乳房看，正处于哺乳期，因长期营养不良而干瘪下垂，就快拖到地面上了。每次偷吃的时候，它都会夹着耳朵，夹着尾巴，边吃边四处张望，警惕性非常高，看样子，经常遭受驱逐和殴打。不过，经过这段时间的熟悉，它已经不怎么怕我们了，也敢凑到我跟前吃猫粮了，只是还是不敢靠太近吃我手心里的。

动物是很有灵性的，也相对单纯，而人类仿佛更是拥有一种掌控灵性的天性，想跟它们和睦相处不会很难。只要保证它们饿不着，多给予一些抚摸，它就能感觉到你的好，会靠近你，依赖你，甚至臣服于你。所以，这只狗子以后也会跟我们熟络起来的。

欢迎它常来串门，补补身子！

2017年12月12日
星期二　晴

　　水泥板贴完了，腻子也干透了。即使墙面还没刷漆，远远看
过去，下墙面和三角区域已经是一个白色的整体了。水泥板可能
还是更加适合宽阔的大空间，装在厨房，只会灰暗暗的，显得憋
屈，但事已至此，再改动的话还要拆木条，就先这么着了，看后
期能不能把灯装得亮一点，进行补救。

　　屋顶仍然是我们头疼的地方。漆也刷了那么多遍，可白色仍
是分布不均。我想，要不要用深灰色的漆沿着板子每隔 15 厘米
画一条细细的直线，假装是白色木板之间的缝隙。等全部画完，
屋顶会不会看起来像是用白木板拼接起来的，这样，可能会将这
种不均匀感给弱化掉。

　　也不知道小乔同学是怎么理解的，上午跟她交代完便出去办
事了，让她一个人先画着，等我回来，发现她画成了 15 厘米宽
的灰色块，抬头看，像是屋顶上贴了一片片的海苔……

　　这回更难补救啦！

　　脑壳疼！

还是先刷乳胶漆，屋顶的事情边干边想吧！

有了刷屋顶的经验，我们这回直接上手喷枪。可还是气泵功率过小的问题，喷出来的气雾就跟拿个小喷壶给花浇水似的，一点都不爽利。想了想，我还是掏出了滚筒刷，蘸上乳胶漆开始在墙上滚起来，简直不要太爽了！不但滚得快，一滚一大片，而且只要在墙面来回反复滚几次就非常均匀了。立刻传授给小乔，两人一边滚一边唱起了歌："我是一个粉刷匠，粉刷本领强，我要把那新房子，刷得很漂亮……"

啦啦！

刷墙面漆的注意事项

1. 墙面漆一般为乳胶漆，开刷前做好清扫工作，保证墙面没有灰尘杂物，并确认腻子已完全干透。踢脚线、接线盒等位置，可以先用纸遮盖，以免弄脏后处理起来比较麻烦。

2. 乳胶漆可以加入少量水进行稀释，也可以不加。原始漆的状态像浓稠的酸奶，为了节约用漆量，加入了 10% 的水，滚涂起来也更容易摊开。但如果加水过多，会影响漆面成膜，会出现透底和流挂的情况，影响效果。加水搅拌后，最好静置一会儿，让里面的小泡析出。

3. 滚筒刷在使用前，要先放入清水泡两分钟左右，待泡透后，用力将水甩干，再放入漆桶内使用。

只同一方向滚涂容易使表面填不满，出现这种情况。

4. 滚刷过程中仍然要保证薄刷均匀，否则会出现开裂、鼓泡等问题。

5. 如果考虑到保存长久或是涂刷彩漆，在刷漆之前最好做一遍封闭底漆，有助于提高面漆的附着力、增加面漆的丰满度等，并且可以保证面漆更均匀地吸收。

6. 刷漆要从顶往下刷，是因为刷漆过程中会有滴落。一旦有漆滴落在墙面，需要迅速擦掉，否则，干后处理起来就会比较麻烦。

7. 滚涂的时候，可以先在墙面上画出一个大大的"M"形状，然后朝不同方向滚，填满它，就会特别均匀。

8. 最好使用同品牌、同型号的漆，以免产生较明显的色差。

2017年12月14日
星期四　雨

　　天气太冷，我们也是干得少、歇得多，本来一天就能完成的工作，结果用了两天，才将第一遍乳胶漆滚完。漆干得也超乎想象得快，前面刷完后面就干，就算今天下雨，墙面摸起来也没有潮潮的感觉。想起小时候家里刷漆，都要挑个天气好的日子，刷完还得把窗户全都打开通风，几天后才能再刷第二遍。可能是现在的漆又添加什么新工艺了吧！

　　其实，一遍的效果就已经很好了，第二遍也只是为了加固品质。滚出来的墙面如果不用砂纸打磨一下的话，会呈现特别微小的颗粒状，不够光滑，但我很喜欢这种感觉，自带磨砂效果，还能省一道工序呢！如果喜欢光滑的墙壁，再打磨一遍，也很快。

今天干活儿的时候，我脑海里突然蹦出一个大胆的想法。

很早之前看过一款网红灯——云朵灯，便想着如果我把屋顶全都做成云朵一样铺开，再大大小小、高高低低地吊几个云朵下来作为吊灯，会怎么样？

想法一旦产生，便很难停下。

火力全开，刷完第二遍漆，便回到家中开始搜寻材料。不多会儿，便找到了适合做云朵的 PP 棉。棉花虽然更加贴近自然，但价格高、弹性小，容易吸潮，很担心在湿润的南方地区，不多久就变成了硬块块。PP 棉就是一般抱枕里的填充物，价格便宜，蓬松有弹性，拿在手里真的很像一朵云呢！

询问了一下，1 斤 PP 棉大约能做两个抱枕，那么，我的屋顶，怎么也得要 50 斤吧？

小乔有些担心，50 斤可不轻呢！但我觉得可行，毕竟屋顶面积也很大呀！分布开来 1 个平方也就 1 斤多点，便果断下单。

这个方案也存在一定的安全隐患，比如防火。PP 棉可是个易燃物，于是，我又决定，首先保证客厅不出现明火，同时再入手两个灭火器。买东西的瞬间是很有快感的，其余问题，付完钱再说！最坏的打算不也就是烧光了重来吗？已经没什么能够阻挡我的步伐了！

趁着等快递的空当，休息了几天。

其实，我们的硬装还没完全完成，做云朵应算是软装了。但我真的迫不及待好想快点看到屋顶完工后的样子。

地面肯定是要放在最后做的，否则，没装万向轮的脚手架这么粗暴地拖来拖去，啥样的地面都经受不起。再就是卫生间还没动工。卫生间要做的东西太多，地面、墙面和那堵推了一半的墙，以及淋浴花洒和马桶，通通没有弄。其实，我们最想先把卫生间做好，毕竟管道都铺设好了，早点装上马桶，就不用天天在后山的各个树下方便了。可就是一直拖到现在，马桶还是没装。因为装马桶之前要先铺地面，铺地面之前要做墙面，墙面做什么样还没想好，如此循环，维持拖延，可能还会继续拖下去。

我们拖着八麻袋 PP 棉来到小屋。

起初很担心，50 斤才八个小麻袋，怎么看也不够呀！可当我们打开其中一袋时，又放下心来。原来，它是压缩过后包装的。扒掉麻袋后，PP 棉逐渐膨至原先的六倍大，绝对够用啦！我们

远看和近看的效果并不一样。

随意拽出一小坨，捧在手里细细看了看，轻盈若羽毛，柔滑如丝绒，真的很像一朵可以放在手心里的云呢！再塞进一个小灯泡，点亮，和暖的光线透出来——哇！少女心顿时爆棚！

爬上两层脚手架，材料备齐，准备粘云朵。

万能胶是用来粘云朵的最佳介质，但特别容易干。起初，用老板送的小刷子往 PP 棉上面刷，刷两下就沾满了棉丝。于是，我想了一个办法，把胶水倒进矿泉水瓶子里，接着在瓶盖上戳个小眼儿后拧紧，用的时候挤一点，可以将胶均匀分布在丝棉上，既不容易干，又不会弄得到处都是。

坐在脚手架上一边粘一边整理着屋顶，看着云朵的面积慢慢

增大，真是一种视觉享受！可当我们粘了差不多两个平方下来，准备挪架子的时候，抬头又突然被打击了——怎么在跟前看着柔和自然的状态，下来看却过度生硬，呈现出一小坨一小坨的白色块，可以说是很难看了。可能是跟光影有关系吧！总之，远看就是很多黑色阴影，还格外明显。

理想和现实之间，是两层脚手架的距离。

那么，问题又来了，我是该继续粘下去呢，还是就此收手，想别的办法？

工作又被中断，只能停下来思考解决方案。

哎哟喂，好烦呢！

2017年12月19日

星期二　晴

　　思来想去，还是决定先把云朵贴完，再想补救措施。

　　如果是光影的问题，那么，只要能够弱化阴影的深色部分，整体就会又变得柔和了吧？那我只需要把云朵变成彩色的就可以了呀！以前看《大话西游》，里边有句经典台词让我印象深刻——"我的意中人是一位盖世英雄，有一天，他会身披金甲圣衣，驾着七彩祥云来娶我！"

　　嗯，那就做七彩祥云，管他最后是什么样的结局呢！

　　我找来高中时的班长大人老胡同学，极具绘画天赋的他可是画得一手好画。很多人都觉得像他这样的人才，更适合去大城市寻找更广阔的平台，可他不这么想，安于在我们这座小城，做一个教画画的老师，顺便接一些墙绘的业务。起初，我对此也感到不解，直到这次见面才有了些领悟。他的女儿已经上小学了，老婆正怀着二胎，闲时跟好兄弟去小河边像个孩子一样钓鱼抓虾，忽然就明白生命不是只有奋发图强这一种活法。

　　他来到小屋，看了看情况，心里也没谱，但很愿意一试，便开着一辆 SUV 把自己的工具拖了过来。打开后备厢——嗬！好家伙，连后座上都塞满了墙绘的工具。各色的颜料就不用说了，气泵、喷枪、工作服、人字梯等，应有尽有，相当专业。他告诉我说，这辆车就是专门拉着工具到处跑的。

他先调了一款颜色，喷了一块面积，再下来一看，阴影部分被压下去了一些，同时被相对明艳的色彩弱化了。补救方案有效可行，心里的一块石头落了地。接下来，等我贴完云朵，布好灯线，就可以将舞台交给他了。

2017年12月20日

星期三　晴

有了大致的思路，灯线的布置也变得明确起来。

最后，我们还是决定用云朵吊灯。但我想在屋顶加一缕阳光，便又网购了 15 米的 LED 灯带，准备盘在屋顶的一个角落假装是太阳。灯带虽然能各种弯曲，但质地很硬，在屋顶上固定时非常不好操作，也不好把控面积大小。我想起之前买回来筛沙子的铁丝网，便提议把铁丝网擦干净，再用扎带将灯带固定在上面。不过，我们并没买到小扎带，遂用细铁丝代替。如果有扎带，会比铁丝好用很多，一头穿过另一头的眼儿，用力一拽就完事了。而铁丝还得用老虎钳一点点地拧，要很注意力道，否则，用力过猛，锋利的铁丝就会把灯带勒破皮。

也不知道当时是怎么想的，我们两人不在屋子里，竟蹲在大门口，边喝西北风边绑，直到快绑完才发现手指都冻僵了。

我们将灯带固定成蚊香状，托着大铁丝网，先将四角一固定，再在其他地方多钉了些钉子加固，非常方便。通过这个方法，我又想到一个粘云朵的好办法。之前就是蹲坐在脚手架上，取一坨丝绵，挤一点胶，往屋顶上粘。这样很麻烦，光抬手这个动作，就要重复很多遍。如果先将丝绵粘在整张报纸上，再将报纸粘到屋顶上，无非就是多费一些胶，但会省力很多，并且这活儿在家就可以做。

立刻行动起来！找来一堆报纸，坐在阳台上，粘着柔软的云朵，让温暖的阳光透过阳台的玻璃洒在身上。

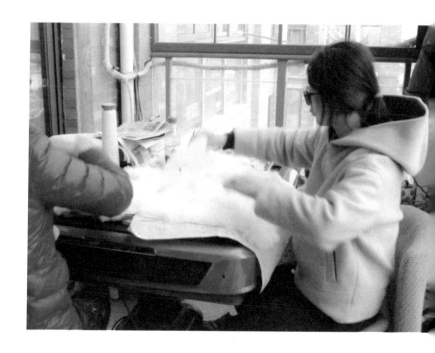

2017年12月23日

星期六　晴

云朵用两天时间粘完了，第一时间打开太阳灯，结果，又跟我们想象的大不一样！

和最初粘云朵一样，若单独看局部，是相当好看的，暖光从丝绵里层层叠叠地透出，超治愈。可那15米绕出来不到1平方米的小坨在50平方米的屋顶下，显得相当违和，一点也不像太阳，倒像是躲在云层后面的金色UFO……

怎么办？

摆在面前的有两个方案：第一个就是把灯给拆了；第二个就是把云全部扒拉下来，装满灯带，然后再重新贴云。能够想象，第二种方案用出来的话，肯定美翻，可思来想去还是妥协放弃了，重新来过的工程量巨大，我不要！我不停地告诉自己，缺憾也是一种美！

　　今天是平安夜，晚上带着小乔去大街上转了转，过节的气氛很足，只是没见到什么卖高价苹果的。记得去年圣诞节，北京的苹果卖到25元一个，还是有很多人买，我也买了。没别的原因，大家都买，我的朋友圈里也得有呀！不然，谁会知道你也过圣诞节了？

　　白天是老胡的主场，喷颜色并不难，只是要考虑色彩的搭配，不断调整颜色，更换喷枪，才是花心思和时间的。加之晚上还要陪老婆孩子过节，也打算早点就结束。

　　下午闲来无事，刚好也有点饿了，想起房东曾说过她在后山的那块小菜地里种了两垄红薯，让我们随时去挖了吃，便提上锄头铁锹，准备体验挖红薯。到了地里，看着还是大片的红薯藤子，可随便拎起一根一看，底下根本就没有红薯！红薯呢？红薯哪儿去了？继续顺着藤子捋，发现竟然一个红薯都没有，土也并没有被翻动过的痕迹。这种情况更是让我百思不得其解，难道是土壤营养不良，没长出来就断了？带着一脸疑惑的小乔碎碎念着往更深处边走边扒拉，竟然发现了几片正在发黑腐烂的红薯皮。

　　我的第一反应是——松鼠！这里的松鼠有很多，有次开车在路上，还偶遇一只惊慌失措到处乱躲的小松鼠，甩着个大尾巴慌张蹦跶的模样可爱极了！可松鼠不是吃松子和果仁什么的吗？那么大个儿，还埋在土里的红薯，它们应该是掰不动的吧？

　　正纳闷呢，我突然发现一个凹陷的脚印，仔细探去。还真是，而且是一个接着一个！松鼠的脚印绝不可能这么深！大约5厘米见方，3厘米深的长印。可以断定，是一个很重但体型并不大的生物！

　　去问问见多识广、深藏不露的老胡吧！通过望、闻、问、切的专业手法，他最终得出惊人结论——附近有野猪出没。

　　哇！野猪！

　　没见过，更没有概念。可爱吗？

　　老胡摇摇头，告诉我们，野猪很可怕，嘴也长，牙也长，所以才能拱这么深的土，吃到红薯；别说是红薯、竹笋、草药、鸟蛋、蘑菇、野兔、山鼠、毒蛇、蜈蚣，只要能吃的东西都能进肚，所以有个百毒不侵的胃；身上的毛像刺一样硬，像这种壮汉块头儿，一个人连一头幼崽都抱不动。彪悍的它们天敌很少，还是野生保护动物，加上食物选择也是多样性，每天除了吃，就是睡觉、生小猪，过着无忧无虑的生活。

　　信息量如此巨大，听得我一阵害怕，以后还敢在这儿住吗？

　　老胡说，野猪都是昼伏夜出的，只要大半夜不出去，一般遇不到，而且遇到人它们会先躲，躲不开也绝对不怂！

　　嗯嗯，放心放心，我是个好孩子，今后晚上绝对不出门！出了门，就必定夜不归宿！

一大早，才7点多，老胡就拉着一车工具和一名助手来继续
为我圆梦。

完工后的云朵很梦幻，
甚至超出了预期。不愧为高
手呀！唯一的问题就是彩云
太抢眼，而其他地方太素净。
本来，我想在客厅做一面渐
变墙的，做了这七彩祥云，
墙面就不能重复做了。七彩
祥云有了，就缺个能陪我过
圣诞节的英雄汉了！

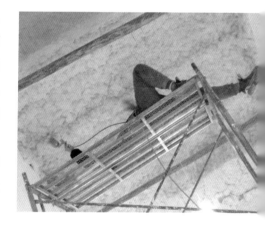

2017年12月26日
星期二　晴

一推开门，看见客厅的屋顶，就特别期待屋子完工后的样子。

小屋依旧凌乱，是时候来一次大扫除了。

这些杂物平日散落在屋子的各个角落看不出来，随便拢拢，竟收拾出成堆的垃圾和建筑废料。打扫完毕，屋子空间大了很多，也更清朗起来。很难想象，之前我们是如何踩着这些建筑垃圾来来回回的。

每天干完活儿，就不想再多动一点点。加上每次买材料都会特地多买点，用过之后总觉得还有用，就这么一直留着。随着累积，才多出来这么多无用的垃圾。都说想拥有好的生活，要学会断舍离。这一屋不扫，又何以扫天下呢？更何况，这里虽然清净，但也并非孤岛。下午就会有朋友们要来这里聚餐，怎能如此邋遢待客？搞不懂他们，这么大冷的天，非要搞什么户外大锅饭！细问才知道，原来一个朋友不知从哪里弄来一只野兔，想着既然是野味，肯定要野法子来吃，便想到了我这里。

兔兔那么可爱，怎么忍心吃它？

可惜当我提出要收养的时候，兔兔已经变成了一堆碎肉。

其实，野兔的营养价值还是很高的。切兔肉的时候，刀法也是很讲究的，必须顺着纤维纹路切，这样的切法烧熟后的形态才是整齐美观的，肉味更加鲜嫩，否则，会变成粒屑状，还不容易烧烂。不过，兔肉具有凉血的功效，更适合在夏天食用。

收拾完，小屋不邋遢了，我和小乔却不忍直视了——头发蓬乱，衣冠不整，全身沾满灰尘。只能洗完手，拢了拢头发，再相互"噼里啪啦"拍打一番，便匆忙接客了。

下午4点多，朋友们如约而至。他们说要施展厨艺，拖出那个破旧的红色户外柴禾灶，忙活了起来。而我跟小乔就蹲在桂花树边，用红砖围起了一个小土灶，准备生火烤红薯。红薯自然是他们从市场买好带过来的。小时候，看过别人的书里写着，农村的孩子童年有很多有趣的事情，其中一项就是烤红薯，一直心心念念想着自己烤一次。终于，机会来了，我可要好好实战演练一番！

晚饭做了麻辣野兔肉、可乐鸡翅、白菜豆腐和一些家常小菜。麻辣野兔肉自然是又麻又辣。借着小屋昏暗的灯光看过去，汉子们吃得呼哧呼哧不亦乐乎，配上一次性杯子装起的白酒，竟然额头上也都微微冒出了汗珠。从没吃过兔兔的我，还是没能迈出这勇敢的一步，就像打死也不敢吃据说超级美味的蚕蛹一样。吃这些冷门肉总觉得怪怪的，比如到北方，常见的驴肉火烧，我是一次也没碰过的。驴是一种怎样的动物？对它的唯一印象就是阿凡提的坐骑，哦不，还有大仙人张果老的！狗肉也不会吃，狗狗是人类的好朋友，怎么可以吃朋友？还有一些不常吃的海鲜，总是担心会吃到它们的粑粑，又不好意思问人而直接放弃。

可乐鸡翅是一款又好做、又好吃、又好看的家常菜，只需要把鸡翅处理干净，放入调料，再倒一瓶可乐，大火烧开后中火炖，炖熟后再大火收汁就完事儿了。白菜豆腐可好吃了！我们这里的白菜跟北方那种一层裹一层的大白菜完全不同，是超大码的小青菜，约有40厘米长。可能是因为底部的杆儿很白，所以叫白菜吧！白菜一定要用猪油来做才会特别好吃，虽然很多地方说猪油对人的身体健康有影响，但我情愿用增加锻炼来弥补上。只有猪油，才可以把菜里甜丝丝的水分和清新的香味带出来，成为简单又难以辜负的佳肴。豆腐就更不用说了，我们这边的豆腐多是那种豆味足、身板硬的那种，如果配的是用猪油炒过的白菜炖出来的豆腐，其鲜香更是难以抵挡。

　　由于用的是柴禾锅煮的饭，我终于又再次喝到小时候最爱喝的米汤啦！小时候，一到饭点儿，我就会搬个小板凳，等在妈妈身边。妈妈会将米放在一个小铝锅中，不停地翻淘，挑出里边的碎石子和小米虫，然后在煮饭的时候多放点水，把小铝锅放在煤炉上开始煮饭，当水煮到沸腾的时候，妈妈就会将锅盖压出一道缝，将米汤缓缓倒进放了白糖的碗中。后来长大些了，米都不会再长虫了，家家户户煮饭都用电饭锅了，其间可是不能开盖的，否则饭就会熟不透，从此也就再也没机会喝米汤了。时常怀念妈妈弄的那碗浓郁的白米汤。至于红薯，放在土灶里烤了半个小时，外面的皮都已经焦黑了，里面仍是生的，最后扔进微波炉转熟的，用时6分钟。

　　可能，适应并习惯这样的生活还需要一定的时间。

　　也许，原始和便捷的生活方式可以共存。

收拾完昨日的杯盘狼藉，去往 15 公里以外的建材市场买镀锌管，准备焊一些架子。本来是去近一点的小建材市场，可那边只卖铝管和不锈钢管。但这两种材质都很难上漆，而我想把架子刷成黑色的，便只能选择镀锌管，况且这种管还非常便宜，只要不泡在水里，就很难腐蚀。架子上最多也就摆放一些小物件和装饰物，不存在承重问题。

到了市场才发现镀锌管的规格真的很多，长度都是 6 米一根，形状有圆有方，口径不同，厚薄也不同。主要是根据具体需求进行选择。口径越小、管壁越薄的，价格越低。大致算了一下需要的根数，让小师傅帮忙裁成两截后，装进小面包车拖了回去。

客厅临着后山的那面墙因常年受潮气影响，非常好铲，但顶部约 10 厘米宽度的那部分因离地面太远很难铲掉。当初铲墙的时候又忘了这个地方，就琢磨着做个置物架遮遮丑。

管子到了，又是什么工具都没有，只能继续去借。我找到了相识多年的小老板张同志，他是专门做各种安装业务的，像广告公司做一些小型广告牌都需要用镀锌管，所以他那儿有工具，准没错！

待我刚说完需求，他立马回道："不行！"两个字一出口，着实吓了我一大跳，紧接着，他又说了，"你们两个小姑娘怎么能自己裁，自己焊？多危险！要弄我直接给你弄好，你不要弄！"这……我只好把原委一点点耐心地说给他听，好不容易说完了，他还是扭头给了一句："不行！"

没辙，那我们就继续享清福吧！唯一的遗憾就是在这个环节上，少了点体验感。

那……回家，等他明天来弄完刷黑漆。

哇！有行家操作，真是快得飞起！

小张同志上午一到小屋，放好工具，就按照我的设计图，前前后后只用了四个多小时，利索地量、裁、焊，轻轻松松就把我这个设计特别的架子整完了，顺便帮我把厨房堆柴装置的框架也给做完，装好了。只是，他每次工作的时候，都只戴一个普通墨镜来保护眼睛，而不是使用专业的焊接面罩，这让我很是为他的眼睛担心。专业的面罩可以过滤有害光，起到护眼作用，并且还能让面部避免火星的飞溅和弧光辐射的伤害。他说他做这么多年，已经适应这种强光了。

我不信。

等他装完，我们下午开始刷黑漆。这项工作对我们而言已经是轻车熟路了。第一遍多加点香蕉水会比较好上色打底；第二遍就少加点，油漆浓度高了，自然容易覆盖了。但不加是不行的，否则，太厚会容易出现干裂等问题。

考虑到猫主子们喜欢爬上爬下，索性将置物架的一部分做出一个小梯子，再用麻绳绕得粗一点，梯子上端就是它们的居所，让它们拥有云端帝王般俯视众生的别样体验；下方空间起初预留的是猫砂盆的尺寸，是考虑到它们起夜方便，但做完放过去之后，又担心臭气往上飘会影响它们的睡眠质量，便将猫食盆改放在那里，这样，它们睡着后说不定还能梦见吃好吃的呢！

晚上躺在床上正打着游戏，小乔突然接到老家电话，说她的表姐下个月 13 号要结婚，让她务必回去帮忙。应该是很亲很亲的表姐吧？她老家在甘肃，对我而言，是一个遥远又陌生的地方，

穿得不讲究，活儿讲究。

印象最深刻的，就是好吃的兰州拉面和甜醅子。如今的兰州拉面和沙县小吃一样，因好吃不贵，价格实惠而遍布中国大江南北。甜醅子是我非常喜爱的一款甜品，很像甜酒，都是放酒曲发酵而成，却又不尽相同。米酒是用大米或糯米做的，而甜醅子是用青稞、大麦或莜麦这些粮食做的，米粒比甜酒耐嚼，酒香醇厚甘甜，却不像米酒那么腻，夏天的时候来一碗，沁凉舒爽！

　　停！明明是小乔要回家了，怎么我的脑子里还满是吃的……

是电，是光，是神话。

壹月

一封冻一

你的眼睛
看到的霾它不是霾
是
贪嗔痴

2018年1月15日

星期一　晴

　　小乔终于要回来啦！

　　其实，考虑到天气越来越冷，我打算让她直接在家舒服地过完年才回来的，但她放心不下小屋，还是决定赶回来，并跟家里人说好直接在这边过年，体验一下南方的过年气氛。她昨天下午4点上的车，今天下午5点到。如此之远，却有两班列车直达我们这座小城，不禁为中国四通八达的铁路交通点个赞！

　　等她的这些天里，我也没闲着，翻阅整理前面记录的视频和日记，边看边乐。

　　前天早上，整座城市都被大雾弥漫，能见度不足十米，雾气随着人们的前行而缓缓流动。身临其中，如在仙境。想起在北京也曾经历过一次如此浓度的雾，确切地说，不叫"雾"，而是"霾"，跟这白茫茫一片相比，灰蒙蒙的更像是误入了寂静岭。

你就是北京春天里的小雨

你就是北京春天里的小雨，
将蒙罩在城市的黄纱温柔洗刷。
你就是北京春天里的小雨，
我在你怀里，张开双臂，
轻轻扬起我的脸，
等待你轻吻我的唇。
嗯，像柠檬一般酸爽。
不，
和柠檬不太一样。
我伸出贪婪的小舌，
想要细细咂摸你的香气。
嘤嘤嘤，有毒！

2018年1月16日
星期二　晴

　　大清早的，小乔就起了床，催促我直奔小屋，铆足了劲儿准备用力对"三小只"亲亲抱抱举高高。有我每天大老远来喂上一顿，不时还有鱼虾加餐。"三小只"吃完便在这林子后山飞檐走壁，长得很是壮实。

　　老天也为她的归来而兴奋不已、欢呼雀跃，让呼啦啦的大风担任使者，携着路边的杂草和破塑料袋，将它们当作礼物献给她。哈哈！

　　天气仍是格外晴好。上午，我们将主子们的两床棉被搬出来，平铺在车顶上晒。怕被风吹走，我们把被子一头用雨刮器夹住，另一头用两块红砖压实，以为这样便可以高枕无忧，没想到风带起被子，掀翻了砖块，还砸到了我的脚。

　　网购的钨丝灯也老早就到了，便宜又好看，就是有些费电。单个灯不够亮，我们便买了六个。接下来就去砍树枝灯。趁着这个季节砍树，是最安全的，随便怎么踩，都不会跳出来虫子或蛇；树上没有树叶，也不需要再次清理。

起初，我们看中了门口一根粗粗的桃树枝，造型很不错，打算就近砍回来，可正当我准备开锯的时候，小乔忽然开口了："这个上面长的是花苞吗？"

　　"怎么可能？哪有大冬天长花苞的？"我一脸难以置信，但还是停了手，凑近看了看。一簇簇毛茸茸、灰绿绿的小东西，很有规律地分布在树枝上，看起来还真的是花苞呢！确切地说，应该是花骨朵儿。

　　"是不是一个花苞就是一个桃子啊？"我问她，估摸着这根树枝上起码有四十多个呢！那不得结出四十多个桃子？

　　"好像是吧，我也不知道啊！要是把这个砍了，它们就都死了……"小乔一脸心疼地看着这根树枝。

　　倒也是呀！不能让它们还没开始好好活一遭就没了！

　　于是，我们放弃了这棵树，去小树林前边找其他的树。最终，我们在一个宽沟边找到了一棵，颇为满意，只是周围被野蔷薇的枯藤错综复杂地缠绕着。我这大块头很难钻过去，便由小乔先过去，我再将锯子递给她。看她扭来拧去的模样，想必占据那棵树也不是那么容易。她裸露在外的皮肤被树上野蔷薇的刺给扎出一道道印痕。总算找到一个合适的角度，她忍着疼，扒拉掉周围的刺藤，没费多大力气，就锯下来一根直径约莫三厘米的粗树枝来。

　　"火鸡"屁颠颠跑了过来。它被悬吊在树枝上的几个还在晃动的硬果子吸引住了，不停地探起头又缩回身子，再伸出白色的小茸爪好奇地掏几下。"腌鱼"和"毛肚"见状，也都跟了过来。"毛肚"自然是只看看不动手，我干脆将有果子的那根分枝掰下来逗弄它们，就是天然的逗猫棒了。"腌鱼"则发挥出它的特长——

跳跃，不带助跑能一下子蹦得老高，边蹦起边在空中划拉着两只前爪，去够我举在手里的小硬球球。可是猫的耐性都不太长，玩了不多一会儿，就嫌腻，各自散开去林子里打滚抓鸟了，只有"毛肚"，仍安稳地躺在那个角落，像只老猴儿，稳稳地看着眼前风景。

我们将树枝稍微收拾了一下，掰掉多余的枝干，拖进屋内，动起手来。一开始，我们是把灯线放下来一截之后，用线卡固定住，但六根线并不算少，线卡多了，上边也显得繁乱无序，便又掏出电钻，打算宽度不一地钻六个眼儿，将灯线直接穿过去，再固定，这样垂落下来也显得自然。

随着电钻声响起，树枝中间微微泛起绿色的汁水，心不禁又揪了一下。好在植物并不知道疼痛，况且少了旁枝，开春后还能慢慢再长起来。接着往下钻，是一阵香气直逼鼻底，气味非常像刚刚炒熟的坚果，很是好闻。我们也倍感新奇，莫不是这树枝像钻木取火般被钻熟了吧？再继续往下钻，还真的开始冒烟了，一摸，树枝很烫，担心会烧着，只好停下来，一会儿再继续。

等六个眼儿都钻好，高高低低地穿好灯线，三根线为一组，并联起来，一头只留一根长线，再将两头绑上粗麻绳，蹬上脚手架，开始挂了起来。挂完后，再将两头的长线和房梁上预留的主线连接在一起，用小号的扎带分别固定在两根粗麻绳的后面，这样从下面看，就完全看不到黑色的灯线了。全部整理好后，再拧上复古的水滴形灯泡，开灯后非常满意——取材方便，制作简单，造型出众！

　　其实，我挺喜欢小屋的窗户的，宽阔且亮堂。不过也因为太宽，很难设计一些复古或个性的造型。如果把这些铁栏杆给去掉，全部换成大块玻璃的，应该很是好看。可又要考虑防盗的实际问题，之前放在门口的一卷新电线就这么被人顺走了，也得两百多元呢！除非是将玻璃四边都封死，才能保证安全。这种做法美则美矣，却意味着小屋没法通风，那将是多大的遗憾！

　　之前和小乔大致算了一下，如果窗户重新做的话，可能要花两到三千元，只是在原来的基础上翻新一下，可能只需要两三百元。首先，需要将铁栏杆上的锈除掉。想起之前我们在北京有次搬家，搬到一间老房子里，铁门已经被红锈覆盖，毫无生气，于是，我们买了除锈喷雾，效果很是不错，喷完用报纸稍微擦一擦就恢复光亮了，这次便也买了来，却没有当时那么好用。我们先将喷雾喷在铁栏杆上，过一会儿去看，竟然没什么作用，用钢丝球刷，才能刷下一些来。也不知道是不是锈太厚了，跟之前在北京那次比起来，要难除得多。

　　这么边喷边等，四扇窗户竟然也用了一天。也是现在天黑得早的缘故，当我们收拾完准备回的时候，才刚过5点。

2018年1月23日
星期一　阴转晴

　　这几天有点其他事情，没怎么去小屋，都是早上把小乔送过去，下午再将她接回来。出门吃完早饭，会顺道买几个馒头、包子，就当是小乔的午餐了。她是有猫饮水饱。在北京的时候，就特别想养，可很多因素使她不得不将计划一再搁浅。现如今不但有猫了，还一下有了三只，没事她就喜欢躺在门口的木头长椅上，把三只都放在她身上一起晒太阳。
　　小乔这几天主要就是将窗户的铁栏杆刷白。除完锈的栏杆，要早一点刷漆封闭，才不会重新生锈；然后就是喂喂猫这些小事了。我不在，她也不知道该从何下手，加上天气越来越冷，昨天小乔喂完猫后，就直接把她送回家了。

今天，老家竟迎来了细碎软绵的初雪。

南方下雪并不多见，但我们这边偏中部地区，冬天下这种小雪，还不算稀罕，只是免不了受到小乔的一番嘲讽，说南方的雪下得不像她们大西北般豪放凛冽。但我总有怼她的法子："有本事你们那边下得这么温婉秀气啊！"

开车来到小屋，又实在无事可做。看着书房窗户下的那一片白墙，被进进出出的主子们蹬出了层层叠叠的黑爪印，刚好还有些杉木条，便和小乔商量着做个花架，这样，猫儿们就会直接跳到花架上，不用靠墙壁来助跳了。

拿出卷尺和气钉枪，蹲下裹得沉笨的身子准备开干的时候，我发现手已经被冻得很难伸直，感觉空旷的屋子比外边还冷，得入手个取暖器才行！

花架并不难做，就是量出三根与窗户同宽的杉木条，中间分别留出三厘米缝隙，摆齐。再纵向根据摆好的宽度，锯出两根短木条固定在两头，但要摆在两头的边缘往里约十厘米的位置，

标准的猫式。

否则，造型会显得蠢笨。这时，气钉枪也充足了气，刚打进一个钉子，就发现了问题。这种打法，等翻过来安装的时候，钉子尖可全都在花架面上了！所以，必须从面上往下边打。我们又重新翻了回去，码好，一边压着一边钉。不到二十分钟，花架就完成了。我们先在花架下方的长沿钉了一根木条，使其固定在墙面上；外沿的两头则钉了两个小木块；再离下窗沿大约三十厘米的位置，钉了一根和窗户同宽的木条，中间用长度相同的木条斜支起，形成一个三角形，再用钉枪固定死，就非常牢固啦！

抱最沉的"毛肚"上去试试，仿佛它对这个花架相当满意，伸了个长长的懒腰，打了个大大的哈欠，做完一个猫式动作，便趴在上边一动不动地眯起眼睡了起来。紧跟着，"火鸡"也跳了上来，左右打量着这个花架。而我则寻思着，有它们在，这花架以后还能摆花吗……

屋外的雪大了起来，备好猫粮，早早回家。

2018年1月25日

星期四　不是一般大的雪

　　老天心说："小乔，枉我对你这么好！那天，你回来我都激动得刮风了，然而，你却看不起我这里的雪！"

　　今早起来，我整个人都惊呆了！窗外的一切，都像被铺上了一层松软洁白的厚蛋糕。天虽然阴沉着，但眼下的世界在白雪的映照下，格外明亮净朗。我一边不可置信地盯着窗外，一边不失理智地伸出脚去，一脚踹醒小乔——让你看不起我大宣城的雪！哼！

　　出了楼道，我抬头望去，大片的雪花还在堆叠着往下落，轻盈无声，却不失莫名的力量感。不时，还有几片调皮地往我脖子里钻。我伸出食指，在身边一辆汽车的挡风玻璃上划拉出几个字，体验这难得一遇的大雪。还得赶紧把车挪出来，去小屋看看主子们，这也是它们有生以来遇到的第一场雪呢！不知道它们此时是害怕，还是兴奋呢？

　　这一路，发现路边已经有不少堆好的雪人。小乔则坐在副驾驶位上一路笑个不停。没错，雪人已经暴露出南方极少下雪的事实——已经不能用"造型各异"来形容每个雪人的模样,用"诡异"这个词更为准确吧!不是掉了鼻子,就是掉了眼睛,就没见着一个规整的雪人。

是时候轮到小乔表演了!经历过大西北磅礴之雪的人,堆个雪人应该不是什么难事吧?更何况,她一直都是那么心灵手巧。这愈发令人期待了呢!

没见着一个规整的雪人。

艰难抵达小屋，一片纯净。北方的树到了冬天都只留下树枝，雪在林间银装素裹，黑白分明；而南方的雪压在密密的绿色叶片上，树叶连带着树枝都被压得微微有些弯，墨绿为底，托起一团团蓬松积雪，更具丰富层次。

　　以往，我们的车一停下，"三小只"就会循着发动机的声音奔过来迎接我们，然后在我们腿间穿来绕去，"喵喵"叫个不停，今天却一点动静也没有。来不及细细欣赏周边美景，我和小乔犯着嘀咕走到书房窗前，伸过头去——嘿嘿！"三小只"都窝在被子里瞪大了眼睛，等着我们呢！

　　确实是太冷了！

你腿冷不冷？我给你暖暖！

屋里还剩了不少丝棉，刚好拿一些出来放在它们的被窝里，让它们更暖和一些。

"三小只"的床很简单，是房主留在屋里的一口水缸，被子则是房主先前怕我们干完活休息的时候会冷，拿给我们的军用棉被。等猫窝完全做好了，这口缸可能会被我们拿来种荷花。小乔从屋里扛出铁锹和小铲子，准备给我个惊喜。我觉得冷得很，将相机架好后，就找了张小靠椅坐在缸边，脱了湿湿的鞋，把脚塞到"三小只"的肚子下，当它们是绿色环保无污染的暖炉。"毛肚"更是贴心，还伸长了身子，前爪紧紧抱住我的小腿，头搭在我的膝盖上，帮我暖着，妥妥的小暖男。

过了约莫十分钟的样子，"毛肚"先出去找小乔。我估摸着一个雪人也差不多堆完了，便走出去看。

我的妈！神呐！确定这不是恐怖小说里的诅咒娃娃？不！诅咒娃娃都长得比它像个娃娃——竟然还给雪人做了个腰？还有两只胳膊？我让小乔好好给我解释一下这堆怪东西是什么，这孩子居然还有模有样地给我说，下边堆的大三角形是及地蓬蓬裙，因为是个公主，所以才要做个马蜂腰云云，而且头发是从松树上一根根摘下的新鲜松针。小乔这是摆明了要"绿"这位来自上流社会的雪人啊！眼睛是两个红色矿泉水瓶盖，估计还会喷火；嘴巴是我们之前捡来的碎铁片，名为"樱桃小嘴"。呵！樱桃小嘴还是灰不溜秋带着锈的！背后还披了个披风，用的是她在菜市场花 10 元买的那件紫红格子绿碎花田园风的带袖围裙，随风飘逸，画面炸裂。

这也太敷衍了！还真当我没见过雪人？

雪没有半点要停的意思，再这么下去，车都开不回去了！备好了三天的猫粮和足够的水，我们便回家和被窝相依为命去了。

小乔的跨年大作。

2018年1月31日
星期三　晴

　　五天过去了，即便是连续的晴天，对于这场雪而言，也并无什么威慑。这次老天好像有点用力过猛，这些天里，小区里的雪几乎没有什么变化，路面上结了厚厚的冰，连走路都变得极为困难，这给上班的行人带来了极大的不便。而我们，更是在家人的坚决阻止下，被"软禁"在家，哪儿也不许去。

　　主子们哪！你们可千万要活下去啊！

　　今天稍微好了一些，趁着上午家里没人，我一步一扭地开着我的小越野，准备去给主子们喂完饭，再偷偷摸摸地回来。小乔则在家里替我把风圆谎。

　　车开到近小屋的那个十字路口时，感觉很是艰难，由于地方较为偏僻，走过的车很少，马路上的雪都被压成了六七厘米厚的冰道，只能挂一挡，极为小心地慢步前行。离小屋越来越近，雪也愈发变得干净，脚印也逐渐变少，再往前一些，就都是约十五厘米厚的雪地了。等开到那座必经的小桥上时，车被彻底卡在冰雪里。无奈，只好弃车先去喂猫。

径直进了屋，猫狼早已弹尽粮绝。主子们都还好吧？怎么一只都不在？我担心得不行，到处找，突然发现房间的一个角落满是青黑色的羽毛。走近一看，竟然还有老鼠的尾巴和一些尚未消灭掉的骨头和碎肉！

　　它们这是在自力更生吗？

　　我赶紧搬起脚边十公斤的猫粮，倒入碗里。好在它们有这样的好习惯，就是听到猫粮袋子的声音，无论手头正在忙啥，都会第一时间冲到跟前，坐等开饭。"三小只"瞬间出现。

哼！原来都是群小恶魔！以后再也不敢跟你们亲嘴儿了！

看着它们吃得香，我便扛起铁锹去车底下铲雪。铲了很久，车仍然无法动弹，只好又回去。四处翻看，发现屋外的大铁锅里接满了水，已经结成了冰。于是，生火烧水，打算将开水泼到车底，雪化了，会比较容易挪。

我蹲在地上生火，烧水，等待水开，倒入大铁桶。待我"哼哧哼哧"拎过去时，水都已经凉了一大半了。一大桶水泼下去竟毫无作用。

仿佛没有别的办法了！我拖着铁锹，有点泄气地往回走。这时候，才有机会好好看看周遭的景色。整座山，整片林，都被白色覆盖，连"毛肚"肚皮上的白毛都在雪的映衬下，硬生生地变成了米色。

房主在门前空地上用杉木搭的简易雨棚也被压塌了。大雪本身没什么特别，只是突然声势浩大地出现在这座小城，显得稀奇罢了。山坡的雪地上，有一串又一串大大小小、深深浅浅的脚印。走近一些看，也只能瞎猜。特别深且呈一个大窟窿状的，可能是水泥袋子般沉的野猪；又小又浅转而又深一点点的，估计是喜欢蹦跶的小松鼠；不仔细看几乎都看不见的爪印，肯定是周边的小鸟们；中间一个不规则小三角、上边四个小洞洞的，一定是我们家萌萌的主子们留下的啦！由于离得比较远，没办法拍照，不免有些小遗憾。不过，真正的美是连文字都难以尽数表达的，又怎能光靠照片呈现呢？就留存在记忆里吧！

最终，天无绝人之路，好像是附近的电线被雪给压坏了，从远处来了几位修电的师傅。我紧赶慢赶地走到车边，还在思索着该怎么开口，其中一位师傅已经走过来，主动问我车是不是被卡了。我用力点点头，师傅便径直上车摆弄起来。也不知道他用的是什么法子，车子竟然渐渐地能动了。由于前面的雪太厚，实在无法再往前开，师傅直接一路倒车，将车倒上大马路。我连声道谢，师傅看了看我，说道："小姑娘家的，这个天开车到处乱跑什么？多危险！"我只能"嘿嘿"一笑，一个油门，溜了。

无助的小越野。

贰月

一从容挥手，一整个晴空 一

早春的阳光

格外凛冽

就像

即将进入白天的

黎明

2018年2月1日
星期四　晴

　　雪还是没有化透，特别是屋顶上的雪，只是变薄了些，仿佛天上挂着的是个假太阳。不过，路面上的雪已经在汽车和人来人往的碾压下，逐渐消融。

　　小屋肯定还是去不了的，那边的路面估计得等小区屋顶的雪都化了才差不多能好走。在家闲来无事，就想想下一步的工作。

　　这场雪显得小屋的墙壁更单调了，除了白，还是白。我有点不满意，却又不敢做一些特别大胆的尝试，生怕破坏了我们辛苦换来的劳动成果。要不，在墙上画幅画吧！让老胡帮我画，肯定不会出问题啦！

　　想到这儿，立马跳起来联系他。他又是一副很有兴趣的样子。不知道是我的想法是真的总合他意，还是他本就是一个对什么都感兴趣的人！我们讨论了很久，最后，他给了一个方案，就是在客厅的右边正面墙上画一个正在浇水的小姑娘。小姑娘可爱灵动，能让屋子增添一些活泼的氛围，然后在水壶下方摆放一株盆景。虚实之间，体现悠然恬静的田园生活。我觉得不妥。毕竟，可爱灵动的小姑娘,有我和小乔足矣,没必要再多。于是,两人再次陷入苦思之中。

同学说:"先别想啦!刚好有空,开一局游戏吧!"

也行,虽然休息了这么多天,都是看看书、写写字,也没怎么玩游戏,于是,打开手机,准备和他大战三百回合。忽然,我看见游戏中的英雄庄周,顿时灵光一闪——何不把他给画上去呢?我这么喜欢玩这个游戏,骑着鲲的庄周造型又那么可爱,又有什么比庄周梦蝶更加贴合我此时的心境?

同学问我,会不会有点奇怪。我告诉他,这是我的地盘,我想怎么弄,就怎么弄啦!

最终,我们定下方案——庄周骑鲲,乘风幻化为蝶,遁入无极之外的无极梦境。

2018年2月3日

星期六　晴

　　下雪不冷化雪冷。这可能是一年中最难过的几天吧！

　　前两天看着雪还像不会融化的样子，今天起来，竟几乎不见了，只有屋檐上滴滴答答地往下掉落着雪水。虽然是晴天，整座城都是湿湿的，一出门，更是冷得如万针扎骨。去往小屋的路也通畅了，只有那座小桥上还残留着一些顽固的冰。而桥下的冰，也化成了水，缓缓流动起来。

　　很羡慕这种有一技之长之人。一样的笔，让我拿着是一点办法也没有；但到老胡手里便有如神助，一个偌大的庄周，十几分钟就轻松勾完一个大致轮廓。接下来，便是调整，上色，很快，完整的庄周便呈现在我们眼前。

　　看他工作，便是一种享受。一面白墙，被喷上一层又一层的色彩，他的手，看似随意地挥动，其实，每一步都暗藏深厚的功底。

　　他说，这画只是画完了，还有很多细节要完善，这么着急先过来画，只是担心出来的效果不尽如人意。现在看来，是多虑了。接下来，他就要带着老婆和大女儿回家了，等过完年再过来。

这时，我才发现，还有十来天就要过年了。

墙面的事能解决，也算是完成了一项大事。小乔今年在南方过年，她说想感受一下这边的过年气氛。

给憨厚朴实中透着灵气的民间艺术家——老胡的一个正脸。

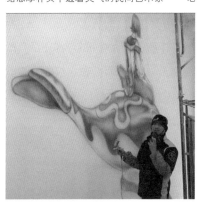

2018年2月4日

星期日　晴

立春。

想到这个月工期进度几乎为零，不免产生了一些虚度光阴的惭愧。昨天，和小乔在小屋里转了好多圈，大致整理了一下还没做的活，考虑下一步的工作。

目前，卫生间还是没有任何进展，我们也已经习惯了在后山的树底下解决；地面仍是随便一扫灰就蓬得老高；房间和卫生间的隔断墙上方还是一片空荡荡的；窗户和门还是破旧不堪的原样；屋外的屋檐还没想好怎么做吊顶；厨房的装置仍是那个框框；客厅的置物架还没裁搁板；除了书房，其他房间的灯都还没有做……之前在网上买的空塑料瓶和LED灯一直放在小屋的角落里碍手碍脚的，不如先把它们用起来吧！这些材料，是我准备用来做卫生间隔断灯的。

之前就大致量出了尺寸，测算出需要24个瓶子。我们选择了一升容量的塑料瓶，瓶子太小的话，灯会比较难塞进去，而且挂在偌大的空间下会显得小气；而选择塑料瓶是因为价格便宜，

边做着 LED 灯，边等着老妈的春卷儿出锅。

一箱有 30 个，剩下的可以用来养花。所以，光找这种瓶子就花了很长时间。LED 灯就是一米长的那种暖光灯。做法也非常简单，先将灯带的灯控和插头全都剪掉，再把灯带塞进瓶子，将瓶盖戳个眼儿，把灯线穿出来，接着，将灯线分为两股，用透明电线将这些灯泡并联起来。由于刚好是 24 个灯，我们将灯分成了四组，六个灯用一组线，挂的时候再将这四组电线串联上，留出一根总线接开关就可以了。其实，LED 灯非常省电，就算全部连在一起，也非常安全。我们分组只是为了方便安装。

LED 灯带和普通灯泡不太一样，有三股线的，还有五股的。灯为两股，线为一股；也就是说，小彩灯并不是接在一股线上，而是错开接在两股线上，另一根线用来控制彩灯闪烁，其实就是控制线路的通电和断电。遗憾的是，我们学到的物理知识仅能做到这个程度，研究了半天，实在不知道控制线该怎么接总线才能控制灯泡的闪烁，只能让它保持常亮状态了。多学习还是很有必要的呀！

晚上，老妈包了一堆芹菜春卷。立春吃春卷和汤圆，是我们这边的习俗。春卷皮是从菜市场买回来的手工皮子，这可是个功夫活儿！老板一般都是一些年纪较大的老人家，坐在小板凳上，跟前摆个小煤炉，上面放一口热平锅，便开始营业。每次先抓起一把面团，在手里大致规整后，用巧劲往锅上砸几下，再利用面团的黏度迅速提起收回，砸在锅上的面自然就落成了一张圆形的薄饼，在热力的作用下，水分迅速被蒸发掉，大约三到五秒就形成一张皮子。熟练的老板一般都是左手甩面团，右手迅速拿起面皮放在一边的小竹篮子里，双手齐下，有条不紊。小时候，我能坐在旁边看一下午。

芹菜是我们当地的小芹菜，香嫩多汁，里边搭配豆干丁和肉丁。出锅沥完油，还有些烫乎乎的，直接用手抓一根咬下去，脆脆的外壳和咸香的馅完美融合，别提多好吃啦！有时候，我妈也会把家里剩的一些蔬菜，比如韭菜、荠菜这些也拿来做馅，然后放在冷冻室里留着慢慢吃。

小乔说她吃过的春卷都是豆沙馅的，比这个味道可差远了。那可都是工业流水线上出来的东西，只能聊以饱腹吧！

虽然早晚的时候，水坑里的水还是会冻上一层薄冰，但明显感觉到天气在稍稍回暖。

今天去小屋，爬上脚手架，在卫生间隔断处搭了个细细的木框架，将瓶子灯装了上去，用小扎带扎，速度很快。只是没想到，这么冷的天，屋顶下的墙缝中还钻出一只臭虫，害得毫无设防的我吓得差点掉下去。主子们也顺着另一边靠墙的梯子爬上来，找好相对舒适的位置，保持着揣袖的姿势，发出"呼噜呼噜"的声响，陪坐在我们身边。

装完灯，如果还有空闲的时间，打算年前将门口的垃圾小山给清

理干净。正当我们准备工具时，一辆车在门口停了下来。是我的两个朋友，他们打算在市里做点小生意，但又不知从何入手，便想到找我一起陪他们去看看外面有没有什么新的项目。他们已经有了几个意向，一个是做长沙臭豆腐，另一个是做云南过桥米线。那不就是要去长沙和云南这两个地方吗？他们说，也是趁着过年前有点时间，看完要是不错的话，刚好过完年就可以着手实施了。之前，我也有过相关的开店经验，还出了书，因此就找来了。

天这么冷，何不就此南去呢？遂欣然应允，我和小乔收拾些日常衣物，就这么出发了。从家去长沙驾车大约8个小时，但从长沙到丽江非常远，得将近24个小时。于是，我们计划先驾车出发去长沙，再花五个小时乘高铁去丽江。至于为什么非要开车，朋友说是方便，我觉得是因为他刚换了辆新车。

总之，一场属于吃货的说走就走旅程就这么不期然地开始啦！

完成。

　　兜兜转转一大圈，赶在除夕前回到了家。

　　长沙真的是吃货圣地啊！云南的特色小吃也让人眼界尽开！胖十斤也相当值。

　　长沙最为闻名的臭豆腐就不用说了，还有很多让人印象深刻的美味。其中有一家是街边小摊上卖的糖油坨坨。

　　坨坨是用糯米面和的，边上一个小桌上摆着一个装着钱的塑料小篮子，上面夹着一个小牌牌，写着"自助式买单，三元／串"，一串八个，量还不少。刚出锅是软趴趴的，糯米的香气很浓郁，不多会儿，等外层的糖凝结后，会变得酥酥的，吃起来还有细细的拉丝，特别有意思！还有就是我们在一个马路边的早餐店吃的早餐，点了份馄饨，里边竟然是没有汤的，那感觉就像南方人突然吃北方水饺那样奇怪。不仅如此，馄饨还是用红油、辣椒、花生和一些调料拌过的，吃起来很香，微微有点辣。原来，湖南人真的是吃什么都要加辣椒啊！连一碗清汤寡水的馄饨，也能做成这个样子！

长沙的小吃基本上都是带着红色的。

在长沙，经常能见到"娭毑"这两个字，以前真没见过，也不知道怎么念，后来才知道，念"āi jiě"，是当地方言，"老奶奶"的意思。长知识了！

　　到了云南，才知道除了过桥米线和鲜花饼，还有太多太多的美食，不仅有炸乳扇、洋芋粑粑、汽锅鸡这些当地常规的特色美味，还有竹虫、蚂蚁蛋、炸蚂蚱、炸蜂蛹、炸打屁虫（臭虫）、炸虾巴虫（蜻蜓的幼虫）……这些听说非常好吃，恕我不敢尝试……况且，光吃炸乳扇、米线这些，也能过足瘾了。炸乳扇是一种将牛奶经过特殊方法变成薄片后，再晾干形成的奶制品，炸完后，直接在上面洒满白糖端过来，口感酥松，奶味浓郁。只是小乔说奶味太重，吃不惯这个味道，而另外两个朋友都不吃奶制品，只好独乐。一次无意间走进一家米线店，吃到的一款腐乳米线，是将微臭的腐乳加在汤底，闻着臭，吃着香，配着软软的白米线，滋味甚是奇妙。其实，我心中一直有个疑问，人们喜欢吃臭豆腐、臭腌菜、臭腐乳，都是闻起来很臭的东西，而狗子喜欢吃屎，是不是因为屎也很好吃？这个问题一直在我脑海中挥之不去，却只能深深埋在心底不敢问任何人。因为我知道，只要我问了，对方肯定会回答："你这么想知道，自己去试试啊！"

　　罢了。

2018年2月15日
星期四　多云

　　小乔期盼着过年的心情就像三岁的孩子。

　　身处于同一个中国，南北方过年还是有着一些不同的习俗，但也有异曲同工之处，这是颇有意思的。比如，北方的女人们一定要去烫个头，而南方的男人一定要去剃个头。至于为什么会说北方的年更有年味，可能跟一些习惯有关。比如南方人洗年澡，也就是洗个比平时时间稍长一些的澡；而北方人洗年澡，是一定要狠狠搓个背的，这样看来，北方人过年似乎更有仪式感。北方人过年可能会在年前几天集中准备杀猪宰羊啥的，而南方人其实早早就在准备年货了，腌咸肉、灌香肠，等等。

　　今年过年，老妈还下厨搓了一堆肉丸子给我们炸着吃。只有放鞭炮这种事，和往年一样，没有放。家里人比较喜静，也比较注重环保。我妈是那种管不了别人，管好自己的人生态度，坚决不放鞭炮。少了些气氛，却多了点可爱。

　　北方人的年，在寒冷中被衬托得格外热闹，而南方人的年，也在看似平常中，欢聚一堂，其乐融融。

一通走亲访友后，正式进入新的一年。

从去年辞职到现在，几乎是在玩乐中度过的。彻底放松后，不应该是继续放纵，否则，便是堕落。人一辈子忙忙碌碌固然没什么意思，但要是一直无所事事下去，也会变成一事无成的懒汉。

继续装修房子的这段时间，得思考一下下一步的工作了。

重新爱上了自己的家乡，开始迷恋上这里的空气、马路和人。

天气说暖就暖。下午，同学过来将小屋的"庄周"补完了。走入客厅，整面墙是栩栩如生的庄周，正骑鲲欲追梦而去，进入无极之境，屋顶的七彩祥云仿佛也随之流动起来。恍惚间，竟也分不清此时此刻是真是幻了。

同学禁不住夸了一句："还是你有眼光，一般都是画点花草画点景，谁敢这样随随便便把游戏人物往上边画呀？"

"只是用了游戏造型而已，人物还是很厉害的人物，好不？"

其实，我知道，这不过是一个美丽的巧合，在老胡同学的生花妙笔下，才有了这令人满意的结果。所以呀，喜欢玩一款游戏，也不一定全是坏事，适度就好。

晚上，和大学室友阿任见了一面。本来是明天的会，她决定下午先过来找我，说是好多年不见，刚好我在老家，想来看看。我知道，如果不是杜杜的离世，她来我这里，就跟我经过她的城市一样，不想麻烦对方，而是匆匆而过了吧！

毕业后的我们，早就各奔东西，走向完全不同的轨迹。只是我们都没有想到，原先在班里最有活力的那个女孩竟然最先离去。只要闭上眼，她骄傲的步伐就会随着她爽朗的笑声浮现在脑海。多年后再见面，则是在朋友圈得知她患病筹钱的消息。

那天，我约上另一位室友，一起去给她送了些钱。虽然头发已经因化疗而掉光，蜡黄的脸色仍遮不住她姣好的容颜。可能是见到我们高兴，躺在病床上的她双眼放光，显得神采奕奕。我们在一起，就像昨天刚分开过一样有说有笑，仿佛没有哪里不好，直到她掀起被子，看到她枯瘦的双腿宛若80岁老奶奶，身上插着一根透明软管，消化完的食物直接从管子流出，装进一个透明袋子中。那时，我才意识到，她是真的病了。出来后，我还跟室友说，看她精神那么好，肯定做完手术就好了吧？室友神色凝重，告诉我，估计……她可能是说不出那几个字眼，而我当时竟然还天真地认为她会好起来。刚有起色的工作室、可爱的女儿……都是她坚强活下去的理由。

只是，癌细胞就像一只看不见的疯狗，死命撕咬着她的身体，拼命攫取着她体内残存的养分，上个月的某一天，她年轻的生命永久定格。

"还好，死亡不是终点，我们都不会忘了她。"我吞下一口热乎乎的老酒，对阿任说道。

"嗯，以后我们多聚聚呀！"阿任夹起了一块红烧鸡放进嘴里。

2018年2月26日
星期一　晴

　　客厅的庄周，真的是越看越喜欢！

　　桃源深处，我的小仙界。

　　只是，右边的画太满，显得左边特别空。刚好屋外还剩了些红砖没地方放，要不就搭个专门喝下午茶的小吧台吧！上次去建材市场，路过一个卖旧木门的，还顺手淘了几张老门板子回来放在一边呢！就拿它做吧台的台面。

小乔越来越厉害了，这么厚的木头板还不是简单用钉子拼合的，而是拿木头楔子榫接起来的，几乎能将两块板子合为一体。她就这么直接提起一把房主丢下来不知做什么用的大锯子，量了尺寸就开锯。看着都累！而作为有一定工作经验的我，自然是继续承担了砌墙的重任，麻溜地搅拌了一桶混凝土，抹了起来。

　　不知道为什么，我就是喜欢这种老门板，一种是20世纪五六十年代用作商铺的门脸，带着时光赋予的自然旧，原本绛红的门板变成紫红，当年店铺主人早起开店，弯下腰抬起插销，将门板一块块卸下再挪到门边角落的情景，随之浮现。还有一种是住家的门。小时候，我外公住的是自己搭的茅草屋，墙壁都是用泥巴糊成的，而门却是和别家水泥房一样厚重的木门，仿佛是那个年代的标配。在岁月的侵蚀下，门边有些微微腐烂发黑，而主体的木色却被时间刷得愈发金黄。比起现代工业批量生产出来的三聚氰胺板，更加具备天然美感。而这么好看的一块板子，却被无序堆叠在旧货市场的一角，任由其遭受风吹日晒，遇到看上它们的主人，拖走，只要20元。

外公

外公，外公，你的生日是哪天？
这是一个永远都不会得到答案的问题。
随着外公的去世，他的生日就随着他永远地埋在了地下。

自打前年开始，外公便时常在我梦中出现。时而拉着我的手，说要带我去一个地方，我正兴冲冲地要跟他去的时候，却被他冰冷的手一把甩开；时而怎么都找不到他，让我很是生气，正生着病的人还到处乱跑个啥，害得我们着急，直到醒来，还是不知道他在哪儿；时而窜进他孤独居住的茅草屋，见他正低着头坐在床沿边，见到我来，便抬起头来，问道："桐桐啊？你来啦？"

梦境里，黑黑矮矮的茅草屋和儿时记忆中的并没什么两样。进屋踩到湿湿的泥土地时发出的细微又真切的沙沙声，墙角放着一个老旧的盆子，水正从屋顶上一滴一滴缓缓滴落到盆里。水滴声是那么清晰，而那个盆是木头的，还是塑料的，却又模糊不清。

最近一次梦见他，他正红光满面、幸福满溢地跟我聊着天，笑得满脸褶子。当我醒来却完全不记得聊了些什么，徒留清醒后令人发狂的思念。

所以啊，人的记忆往往是不靠谱的，像一条只有七秒记忆的鱼，反复回忆着那个曾经被我万般依赖的怀抱，却怎么也想不起依偎在他怀中的温度。

从刚来北京时的无处落脚到现在，生活好像并没给我带来太多意外和惊喜，却总能在无意间看到自己播的种在某一天某一刻冒出的小芽，让我倍感欣慰。继续等待自己的世界花开遍野的那天，继续寻找着能帮助我改变命运的生命里的贵人。

有时候，自己很清楚，人们会因你具备的某些才华和能力而欣赏你、提拔你，是因为他们清楚你的才华和能力也会为他们带来些什么，而不会像外公那样，因为你就是你，而喜欢你、疼爱你，不自觉地想要保护你、帮助你。

记得上小学二年级的时候，有天放学，外公如往常一样，端个小板凳坐在门口，身子靠在浅黄泛白的土墙上晒着太阳。

他看到我，便笑盈盈地拍了拍大腿，招呼我过去："桐桐啊，回来啦？过来过来！"

我回道："老子就不！"

他脸色陡变，一个箭步冲过来，那速度让你完全想不到那是一位已80多岁高龄的老爷爷。他大声喝道："你在哪儿学来的？敢在老子跟前称'老子'！"顺带着在我头上敲了几个大板栗子。

眼泪生生流下来，因为实在被敲得疼。而我也是懵的，也不知道为什么嘴里会冒出一句"老子"，可能不知何时在哪儿听来的吧？敲完还没过几秒，他又跟什么事都没发生似的，把我抱起，坐回小板凳上。换作刚反应过来的我大哭，最终结果就是他做好吃的哄我开心。也是从此，我再也不敢在任何人面前说脏字，深知做了不对的事情是要挨板栗子的。

再想起外公做的好吃的，我就会在心底笑出声。

上小学的时候，每到第二节课下课，我就能站在学校大铁门那儿，盼来外公从栏杆外塞进来自己做的各种小零食，有炸的小肉丸子，有糖水煮的喷香的黄豆，有煎得还热乎着的糖粑……接过银色的铁饭盒，我会靠着那扇大铁门，目送他的背影变成小点儿，再雀跃地端着零食和同学们炫耀分享。

而说起我没事爱在家做吃的这一点，就注定是外公最疼爱的小外孙女！

几年前在老家开奶茶店，自己捣鼓各种饮品；来北京后，再忙也要抽点时间在厨房里摆弄各种食材。经常做着做着，就会忍不住笑起来，就会想起外公。不过，比起他能把一切食材妙手生花般地变成美味，我更多的是对食物的破坏和糟蹋，汗颜！

那时候，我还喜欢一放学就坐在外公昏暗的小屋里，看着他弯着腰朝灶台里塞柴禾，再一点一点地将各种食材变成一道道美食。他做这些的时候，是不会跟我说话的。直到逐渐长大，我才知道有个很棒的词来形容我外公，那就是"专注"。也是因为这份专注，才让他做的盐水鸭在我们那个小城声名远扬吧？实际上，外公并不会因为自己做盐水鸭很有名，便以此作为发家致富的门路。

不知道他年轻时是什么模样，毕竟我 8 岁的时候，外公已经 85 岁了。我看到的他，是一个闲适的、懒散的、喜欢背着手到处晃悠、到处看的老人。他时常精神矍铄地牵着我的手，一起去看火车、汽车、电视机……在那个年代能看到的所有新鲜玩意儿。

于是，我到现在仍保持着如孩童般的好奇心，应该就是外公这么培养出来的吧？或者，这根本就是遗传呢！

一说到遗传，我又觉得血缘这种事真的很神奇。

有一年生病做手术，医生检查后，说我是 RH 阴性血，父母也觉得很惊讶，顺便都去查了个血，却发现没人和我的血型是一样的，家族里所知的血型都是阳性。那段时间的我有些焦虑，难道自己真的是充话费送的？便上网查询各种资料。当我查到一条说阴性血会隔代遗传的时候，便笃定肯定是遗传自外公了。虽然彼时，他已化成一捧灰，但我对此坚信不移。

外公有着将近 1.9 米的个子，身材瘦高，眼眶深陷，鼻梁极为挺拔，祖籍是江苏，是个经历过战乱的孤儿，最后娶了当地特别漂亮的女人做媳妇儿，生了两个儿子、两个女儿。我想，我这高个儿和不运动也吃不胖的优良基因，必定是遗传自外公吧？再看自己如此不羁的性格，想来，外公年轻时应该也不是个凡人吧？不然怎么征服我美丽的外婆，成了那个年代自由恋爱的带头人？两人年纪可是相差 26 岁呢！

前两天，妈妈去参加了瓦碴巷儿时街坊的聚会。外公走得太早，聚会来得太晚。他这么喜欢热闹的一个人，在瓦碴巷待了一辈子，街坊邻居们再次相聚，若有机会，他一定是很想参加的吧？

上次回家，问起妈妈，"芮爹爹的生日是哪天啊？"

妈妈答："好像……可能是……三月吧！"

这个"好像"给了我更多的想象。

外公的固执很像"金牛"；爱玩的天性很像"白羊"；他的正直又很像"狮子"；没念过书却能写得一手漂亮的繁体字，很像"处女"呢！

外公，外公，你的生日到底是哪天？

我们总是能在梦里相谈甚欢。

如果今晚你还来，就告诉我呗！

小时候吃过你亲手做的那么多的美味，难道你真不想尝尝外孙女亲手做给你的生日蛋糕？

2018年2月28日
星期三　晴

　　整完小吧台，跟之前砌墙一样，整了点不一样的，在中间镂空出三个小洞，打算用来放点多肉植物做装饰。中间偷了个小懒，不想去接水，有几块砖就没有泡水，直接给砌了上去。结果干得过快，混凝土没有一点黏性。最后又不得不返工，老老实实打水泡砖。是时候再清理一遍了，不仅是屋子里，还有门口那堆成小山的垃圾。

　　春天来了，门前是时候播种了。

　　这堆垃圾从去年十月便一直放着，起初是为了填地台运过来的，现在堆得更多了。因路途远，叫车来拖，加上人工费得50元一趟，看这阵势，没个三趟估计拖不完，不如我们自己拖！

　　蜈蚣和百脚虫们已经拿这里当成自己冬眠的巢穴了，挖的时候，不时会翻出一两只极细小的蜈蚣宝宝，不足为惧。只是越铲越后悔——车一趟只能装下两个市政垃圾桶，每一趟都需要我们先拿个铁桶装上垃圾，再运到车上倒进垃圾桶，这跟倒生活垃圾可不能比，一桶起码30斤，比大秤砣还沉。我们一直装到下午

242

两点，连中午饭都没顾得上吃，才装了一半。本来天气冷，裹着秋衣秋裤、毛衣棉衣一大坨，越干越热，边干边脱，脱得只剩下秋衣了。我穿的可还是里边带毛毛的保暖内衣，加上太阳公公热心地给咱们送温暖，可把我们给捂得够呛！

"这不是你要体验生活的吗？这个也给钱，那个也给钱，直接找个装修公司全包不就得了？"小乔狠狠一脚将锹踩进垃圾堆里，铲出一锹垃圾，"快点弄！别站在那儿嘚吧嘚、嘚吧嘚了！"

"饿了不能发个牢骚？"

"这车弄完去弄点吃的！赶紧！"小乔头也不抬，真是把干活的好手。

本来打算在这个月的最后一天把垃圾清完，看来，新的开始只能放在后天了。

叁 月

— 落 置 —

有一种温暖
叫聚首
有一种阵痛
叫再回首恍然若梦

2018年3月1日
星期四　晴

哇喔！垃圾清完，一身轻松！

炎日

清晨，
暖阳。
我眯起双眼，
透过睫毛间的黑雾，
轻抬起右边的那只手，
将那个刺晃的大黄珠子摘下来递给你。
你说，
给我滚远点！
烫！

2018年3月2日

星期五　晴转雷阵雨

我们每天去小屋，都会经过在建的体育馆，晚上的时候看过去，像一架停在郊边的宇宙飞船。体育馆前面，除了大型的停车场，还有一块巨大的空地，整齐地长着同一种野草，不但粗壮，还高，远远望去，绿油油的一大片，气势非凡。等体育馆建好，这儿也会被铲平，建成停车场吧？或是可以建成给大妈们肆意跳舞的超大广场。我想。

经过的时候，顺手拿小铲子挖了十来棵，准备带到小屋去，种在屋檐下。

花圃搭起来很是简单，只消用砖头沿墙围成两个长方形空间，再去后山挖土填满即可。

我们工作到下午，突然闯入一只大德牧，长得很壮实，脖子上还围了个旧项圈。德牧见到我们像是遇上了老熟人，张着嘴伸着舌头屁颠颠地跑过来，还不忘进小屋巡视一番。倒是吓得"三小只"六神无主，四下逃窜，还不时钻到我们脚边，弓起背，炸着毛，喉咙里发出"呜呜"的警告声。而大德牧满不在乎地任由它们狐假虎威。我们无法确定它是不是和主人走失了，便进屋拿了些猫粮喂它，但它对猫粮没什么兴趣，倒是对我们挺感兴趣，只跟着我们绕来绕去。

我继续搭我的小花圃，它也跟着出来，跨进小花圃，觉着尺寸合适，索性一屁股坐在里边。"毛肚"不动神色地观察许久后，确定对方不是什么凶禽猛兽，便也找了一块离它不远的地方瘫倒下，场面甚是和谐。

我们正边干活边跟猫猫狗狗玩得欢，一场大雨顷刻而至。

原来，它是过来躲雨的呀！

你能找到和狗子神同步的猫子吗？

待雨一停，正如它轻轻地来一般，又悄没声息地走了。而我们，继续干活儿，挖土。

后山的土很松软，加上下过一场阵雨，除了沉点，是非常容易挖的。还看见紧挨地面长的一团团小野草，也用小铲子挖了来，打算一并种在小花圃中。

这时候，百脚虫们还处于冬眠期，即便是不小心挖出来，它们也都是把自己卷成蚊香状，一动不动；蜈蚣就不一样了，会四处乱爬，然后尽快找个细缝钻进去。我还是会哇哇乱叫，小乔显然对此已经麻木了，任由它们被一起铲进桶里，说是可以帮着松土。

难道它们不会吃掉植物的根？难道能够帮助松土的生物不是叫"蚯蚓"？

不管了，反正我也不敢上网查。

等我们把野草种上的时候，草都快蔫了，不知道能不能活。

2018年3月3日

星期六　晴

　　野地里的花花草草就是皮实！昨天还蔫不拉几的草，临走前浇透了水，待早上来的时候，已经恢复了往日的神气。

　　虽然今天也只有24℃左右，但忽然的升温热得让人难以适应。

　　关于地面，我们也考虑了很久。原先的地就是用粗砂配着水泥找平了几遍，每到天晴干燥的时候，地面就会自动浮起一层灰来，怎么扫都扫不干净。特别想给客厅铺上瓷砖，又觉得瓷砖用在这里并不太好打理。进小屋要经过泥地。主子们天天到处钻，平时还好点，南方多雨，一旦踩完湿答答的泥巴再进屋子嬉戏打闹一番，估计我们天天跟在后边拖地得拖到累死。这玩意儿还是适合城市家庭。

　　思来想去，决定还是做水泥地，方便快捷，经济实惠。想想60多平方米的客厅，瓷砖随便买买也是好几千元，用水泥可能也只要几十元吧！毕竟整一袋100斤的水泥，才要22元钱呢！这次做水泥地面，可不能再掺沙子什么的了，现在这地面之所以

250

起灰严重，就是因为沙子的占比过多。直接用水泥粉加胶水就能保证地面细腻光洁，不起灰了。

做地面之前，务必要先把地清扫干净。我们一桶桶地提水，边冲边扫。提完第一桶，以为能拖一半，没想扫着扫着，水都变成了厚厚的泥浆。直到辛苦拖完，我们才想起，为啥不直接接上水管冲呢？

蠢哟！

可怜的扫帚和拖把，让你们跟着受苦了！

刮水泥地面是非常有意思的。整片地面像是一口巨大的煎饼锅，水泥胶就是面团，先在地上甩上一坨，再拿刮板左右横刮，刮得又薄又平就行啦！每刮一处之前，都要先用湿拖把将地面打湿，这就好比在摊饼子前先给锅抹上一遍油，这样特别容易摊开。就算在和水泥的时候出现一些小疙瘩也不怕，用力压刮后就会消失。

一个下午，客厅地面就彻底搞定了。关门回家，坐等水泥干透。

门前的桃树已经长出花骨朵儿来了，绿苞中微微透出淡淡的粉红，很是好看。

我伸手指了指那截差点被我们砍下的树枝，对小乔说："今年，它们一定会结出特别多的桃子来，以谢我们当年的不杀之恩！"

2018年3月4日
星期日　晴

　　嚯嚯！推开门，客厅的水泥地还没完全干透，但已经可以走人了，颜色也从深灰变得稍浅了些。蹲下去细看，竟发现了一些猫爪印子——它们又趁着我们不在搞破坏了！

　　猫爪印是个神奇的形状，天生就具有治愈功能，看到的瞬间，心就能被萌化，人类对此毫无抵抗之力。

　　今天的主要工作是做厨房和卫生间的水泥地面。书房和卧房，我还没想好是都铺成一样的水泥地，还是铺木地板或是瓷砖。

　　干活的时候才想到，正确的顺序应该是先从房间开始，导致我们在冲刷地面的时候，还要顾及客厅的地面，很是不便。

　　最近做事情有些杂乱无章，是无约束状态下愈发肆无忌惮的自由散漫吗？

　　咳咳，时刻警醒自己，不可以！

　　临走前，不忘将客厅用水淋透，这样，等水泥彻底干透后，会更加光滑。

Tips：

　　刚做好的水泥地面第二天会干，但并未完全定性，最好不要
来回踩；同时，应该尽量避免灰尘落在上面。

终于迎来了刷外墙漆的日子！

其实，应该先刷外墙漆，再来码花圃种花草的，这样，可以避免漆滴落在植物和土壤上。但刷外墙并不只是把漆刷在墙上那么简单，又担心一拖再拖，会影响花圃植物的生长节奏。

靠山和靠近邻居家的那一面都不经常走人，不用粉刷，只需要粉刷正面和靠马路的两面即可。尤其是靠马路的那面墙，不仅高，而且正是之前开大裂的那一面，加上之前并没有刷过漆，只有一层粗砂水泥面，所以不能直接上漆，而是要先上腻子。再加之早前有广告商在这面墙上挂过大喷绘广告（就是我们路过乡镇街道经常能在别人家房子墙上看到的那种广告），上面钉的都是木条需要拆掉。而木条靠近墙顶，前方种的都是桂花树，地面也是坑洼不平的，搭脚手架难度大，且危险系数高，这也是我们一拖再拖的原因。

当然，等待也不全是坏事。停一停，放一放，可能会找到新的解决办法。比如，这个外墙。

如果和内墙一样刮腻子的话，就需要找一个连续放晴的好天，花费至少两到三天的时间。而这面墙本身就很平整，加上外墙并不需要像内墙一样做得非常细致。如果把墙比作一张脸，漆是粉饼，那么，腻子就相当于粉底液。如果只拍粉，不抹粉底液会怎样？没错，会浮在脸上，还会掉妆。所以，腻子作为一种介质，可以让漆更好地附在墙面上。

　　于是，我们将腻子加水搅拌成稀奶油状，直接用滚筒刷沾满了往墙上刷。这也是我们在拖延这么久之后的最大收获——找到了更加省时、省力、省钱的好方法。

　　脚手架还是没有办法搭，还好，房主给我们留下了一个四米高的木梯子，可以登着梯子作业。只是没办法两个人一起了，地面不平，梯子格外高，小乔爬上去拆木条，我一边扶着梯子，一边仰天，享受这天空的湛蓝。

2018年3月6日

星期二　晴

"火鸡"跑了！

中午，我们去路边摊吃饭，小乔这不省心的孩子非要把"火鸡"带上，说是带它去旧地重游，还保证不放下车。结果，"火鸡"趁我们开门的瞬间窜了下去。正巧开过来一辆挖土机，我们还没回过神，"火鸡"已经被吓得躲进了不远处的一个小山坡。我们饭也顾不上吃，踩着腐枝烂叶攀爬上小山坡，边找边唤半天，"火鸡"却毫无踪影。

喊累了，我们回去继续滚第二遍外墙，打算收工后再来找找看，只是希望会非常渺茫……

儿女心格外重的小乔自责不已，像丢了孩子，抹着泪，各种担心，担心"火鸡"会找不到吃的，被野猪追赶。我倒看得开些，它的生命与我们曾经相遇过，就是彼此的缘分，既然是缘分，就包含了聚散离合。

第二遍相当于抹乳液，浓度要比第一遍高约 1.5 倍，呈液态

257

滴落状，却不会溅起，舀起来有点像炼乳就对了。刷完后还要等干了才能上漆。外墙如果是纯白色，在户外的光线下可能会有些刺目，如果刷成浅浅的灰色，应该会柔和一些，而且灰色本身也更显格调，不然怎么有"高级灰"一词。

去找老胡借点颜料。打电话给他，他正要带上渔具去钓鱼。我说："那上我们这儿来啊！小屋前边那座桥底下，人又少，成堆的鱼还怕不够你钓的？别忘了顺便带瓶黑颜料！"

小屋往前大约 300 米处，有一座巨大的水库，一眼望去，像一座小湖。我们去过几次，虽远不及太白湖那般烟波浩渺，但每当阳光洒在水面上时，湖面上的粼粼波光就宛若闪耀的繁星；湿凉凉的轻风吹过来时，会夹杂着微微的土腥气，闭上眼，仿佛就能听见鱼儿们在水中吐出大小泡泡的炸裂声。

小乔说："把大石头砸进水里，听声音就能知道水有多深。"我便四下找大的石块往水里投。还真是，有的地方投下去是"啪"的声音，说明水比较浅；有的地方则是"咚"的一声，则说明水很深，不能轻易踏入。搜寻期间，还能找到一些扁平的石头片。小乔说，这个可以用来玩一种叫"打水漂"的游戏。她示范了几次给我看，随着手腕的突然发力，石头片"嗖"地高速飞转出去，沿着轨迹在水面弹出几朵小水花，最后沉入水里。可小石片到了我手里，就只能蠢笨地落入水中，石片就真的打了水漂了。

有附近的村民在水库的下游养鸭子，每次经过，见到桥下有成百上千只的鸭子，有的在水中觅食，有的卧在浅滩上梳理羽毛。过一段时间，这些鸭子就会忽然蒸发，全都消失不见。再过一段时间，又会出现这么多鸭子在水中嬉戏，再全部消失不见，周而复始。水中的鱼也会吸引来田间的白鹭，见它们从容不迫地踱着小步，吃饱喝足后，就会一声不吭地展开洁白如雪的大翅膀，溜了。

两点时分，老胡和他的助手带着颜料和一堆渔具来了，问我要不要一起去。我摇摇头。钓鱼对我来说实在是件超级无聊的运动，要忍受着蚊虫的叮咬在河边长时间保持一个姿势不动，根本做不到！还是刷墙有意思多了！

我们先用一次性杯子装了一些漆，丙烯颜料是固态，需要先用少许清水稀释，再放入颜料。一点点调试着灰度，直到调出令人满意的效果，才将颜料按比例放入漆中彻底搅匀。调色需要一次性完成，分多次调色一定会产生色差，除非是想刻意制造渐变的效果。

有了腻子做底，墙漆刷起来相当顺畅，用一根长竹竿支着滚筒便能轻松完成。一个下午，我们便将两面墙的第一遍都刷完了。

屋檐下种的草长势甚好，在灰色背景的衬托下，愈发苍绿。

晚上回去的时候，从路边摊那儿绕了一下，没有"火鸡"的踪迹，怕是再也找不回来了，然后，整个人都不好了。兜兜转转一圈，在这里拣到它，又在这里失去它。

Tips：
外墙要用专门的外墙腻子粉和外墙漆，才能有效防水。

2018年3月7日

星期三　雷阵雨

春雷惊百虫。明明前天就是惊蛰，而今天才有雷声伴雨。

到了该播种的时节了呢！

下雨。

没有可以做的户外工作，便用一天的时间将一直不想找平的卫生间断墙给做完了。这个位置贴上白色的方格瓷砖还是很好看的，面积又不大，瓷砖能起到点缀作用，又不用花费太多钱。

这几年，复古风盛行，连小学学校公共厕所里的纯白格瓷砖也悄然流行起来，深受文艺小青年们的喜爱。以前，这种瓷砖真的只在厕所里见过，可能还是因为那时候生活水平相对不高，而公共厕所必须用瓷砖来保持清洁才使用的吧？那时候的家庭，有钱人家都还比较流行铺大理石和水磨石，而像我们这样的普通人家，都还是最基础的水泥地和白墙。

这面墙没有之前的水泥墙好刮，是因为砌得歪歪扭扭，加上之前突发奇想整的那些凸凹造型让我们浪费了不知多少混凝土，才勉强让表面变得平滑。

　　小乔说：“这些造型还有得我们受罪呢！后面瓷砖裁起来都费劲！”

2018年3月8日

星期四　阴

　　网上买的水泥色粉到了，但卫生间的墙面工作还是要再往后缓缓，因为我们要趁着这几天，将小屋前的地铲松，种下花草。

　　只有过养绿萝和薄荷经验的我，担心自己技术不精，不敢买一些娇贵的花种，最后选购了三叶草和混杂的野花种子。

　　先前，屋檐下种的草生命力顽强，竟然猝不及防地开出了金灿灿的花。小乔走到跟前，惊呼："哎呀！这不是油菜花吗？我就说怎么看着眼熟！"

　　我也走上前去，仔细一瞅，还真是！以前只远远地看过金色的油菜花海，这么单独一株地立在跟前，还真是想不到！

　　哎呀妈呀！我……我都做了些什么！这……我……岂不是偷菜了？

　　上心下心很是不安……

　　去年，我们挖排水管的时候，就领教过屋前这片地不好挖。当时，房主为了让泥地稳定不塌陷可是下了狠手，不但铺了满满两层碎石，还专门请来压路机来回压过六遍，才得以保证这片地界寸草不生。

我和小乔一个锄，一个铲，不停地变换着各种姿势和方式，整整一天下来，手都磨出了水泡，地面却只浅浅地挖了1/5。照这个进度下去，至少得一周才能完成，加上把这些废土运走，再挖土铺平，怎么也得十来天吧？说来也巧！我们早上开车去小屋，快到地方的时候，发现有辆挖土机在路边挖坑准备种树。挖出的土在坑边整齐地堆出一个个三角堆，我的眼睛立即射出一道光，赶紧停车上前询问对方是否能将这些土布施给我们。

"当然，没有问题！"他们种完树后，也是要叫工程车来将多余的土拖走处理掉的。再细问，他们的车会一直往前开两公里，再掉头往回，也就是说，咱们小屋的路边也会种上这些树。

上哪儿来的这么好的运气！那现在就可以借来三轮车，先把土运回来备上啊！

哈哈，真是想一出是一出！

于是留下小乔独自翻土，我去十公里以外的朋友厂里借三轮车。得知我是要用来运土的，他把厂里那辆最破的三轮车骑到我跟前。这是一辆浅蓝色的电动小三轮，不知经历过了多少风吹日晒，周身锈迹斑斑，锁头都已经脱离出原来的孔，随着几根电线耷拉在把手下边。后面车斗的挡板都不知掉落下来后又重新焊过多少次，有的实在不能再焊的地方便用电钻戳了个眼儿，直接用铁丝绑在上边，这怕不是正打算报废的车吧？呵呵！还真是好朋友呢！我都生怕这辆车骑不到小屋就没电了。还好，真当骑起来的时候，还是很给劲儿的，刹车也灵光。

　　顶着风一路飞驰到小屋，见小乔才挖了一车土。

　　真的是很难挖，一锄头下去，不抓稳了都能给你反弹回来。

　　"毛肚"真的很像一只狗。

　　一般的猫很傲娇，你越是招呼它，它越不理你。但"毛肚"就不一样了，不管离你多远，只要被我们召唤，就会欢脱奔来。

　　下午，我和小乔骑着小三轮打算去整点土，没开电瓶，晃悠悠地顺着下坡往前滑，就听到"毛肚"的叫声，一回头，发现它正不紧不慢地跟着我们。我们停下，它也停下，之间总保持着一段距离，只听它喉咙里还不断发出"呼噜噜"的声音，仿佛是在等我们下达指令。

　　我"嘿嘿"一笑，拍了拍大腿，对"毛肚"喊道："来！快上来！"

　　它便"蹭"地一下蹿上我的膝盖，随着我们一起去"化缘"了。

2018年3月9日

星期五　晴

　　泥土倒是弄来了不少，但土质并不好，都是一些又黏又酸的红土。这样的土即便填下去，也不一定能长出植物来。可我们对土的需求量真的是太大了，上哪儿弄那么多好土呢？

　　四处边转边看，哎，竟然又被我们发现了极好的东西——树根！

　　那些应该是之前修路被挖出来的。树干已经被砍走留作他用，只留下带着土的树根，隔着几米远，一个接一个地躺在路边，逐渐腐朽。而上边附着的土壤年复一年、日复一日吸收着树根的营养，呈中黄色，质地松散，是种花草之佳品。而且，别小看了这一块小小的树根，一个根，就能铲一两车土，大点的能铲下更多。这一路过去，至少有20来个，凑一凑应该够。

　　土源不愁了，就又回到挖土的问题上去。

　　我和小乔搬出油漆桶，反扣过来坐在上边，继续挖土，虽然不会像先前那么辛苦，手也不会磨出水泡，但速度可是比之前又慢了很多。

不行！我忽地扔下锄头，站起身来对小乔说："我要去跟那个开挖机的大叔谈谈，看他愿不愿意帮我们挖一下！"

　　一般情况下，挖机是按照 105 元左右的时薪收费的，具体根据业务量和车型议价。如果是小业务，他们光是把车开到目的地，都要收取一定费用的，而且不低呢！但这车都快走到咱们屋前了，让他们顺便帮我们挖一挖，应该不会坐地起价吧？

　　听大叔的口音是北方人，果然很爽快，答应帮我们挖，而我们作为感谢，给他 100 元的酬劳。

　　我们继续去找树根铲土。

　　可别说，这平日里看着不起眼的树根里边可藏着一个小世界——蚂蚁、百脚虫、蚯蚓、土蚕、蜈蚣、青蛙，以及各种不知名的小昆虫，最多的就是蜈蚣了。约十厘米长的蜈蚣，躯干油亮，红色的腿密密麻麻地钉在躯干上。只要不小心铲出来，它们就会立刻以惊人的速度往阴凉的地方逃窜，绝不在阳光下多停留片刻。

　　到了傍晚，大叔那边的活儿结束了，便将车开到小屋跟前。

噢！真的是很强的，三下五除二就把剩下的土全都翻了个遍，顺便把多余的土移到了小树林里，整个过程只用了十分钟。不仅如此，他还帮我们在路边的空地上挖了五个大坑，留着今后种樱花树。

挖掘机，真厉害！它轻轻地一抓就起来哟嘿！

想将门口全部填满，土还是不太够。

很早之前，建材市场那片地全都是农田，土可肥了！后来那边盖起了很多建筑，也不知道还能不能挖到肥土。

我带上工具，开车带着小乔，一大早便去了那里。

确实都是被水泥封住的路面，已经看不到多少土了。还好，有条路刚好在铺水管，有现成被挖出的土堆在路边，也不难挖。土质自然是没之前那么好了，也没之前那么纯净，里边尽是些塑料袋、布条、砖头等垃圾。但还是呈灰黑色，稍微扒拉扒拉，还是好用的。

于是，我们两个人在路边忙往车后备厢里铲土，惹得路过的人们一脸好奇。

回去填完土，这项工作差不多也已经完成了，接下来就是要为这片小花园铺一条路，这样，隔壁偶尔来人也方便通过。

中午，准备朝另一个方向走去吃饭。之前，从那边路过的时候，瞄到过一座烂尾楼，那里好像有些我们需要的东西。

　　那是一座二手汽车城，占地不小。除了面向马路的售楼处已经建好并装修完，后面一整片空地都是一幢幢建筑钢架，钢筋水泥和红砖赤条条地裸露在人们的视野中。

当时，正是房价一路飙升的时期，和做任何生意一样，有了前面人的暴富，便立刻有了各种盲目的跟风。只要有一点启动资金，就敢拿下一片地，预售套现，再开始建房，仿佛是一个只赚不赔的生意。于是，各色老板们纷纷涉足，四处拿地。如果市场分析有误而销售受阻，导致资金链断裂，刚搭起的架子就成了烂尾工程。

敞开的工地大门已经告诉我们，这是一个被遗弃许久的地方。工地边一排排集装箱房的小门或是大开，或是虚掩，零星散落在架子床上的枕头被罩让人能够还原出昔日的热闹光景——几个农民工围蹲在门口，一手拿着饭缸，一手握着啤酒瓶，乐呵呵地大声喧闹着。如今，死气沉沉的破败感漫溢在空气之中，只因我们的到来才有了些许流动。

工地里一些值钱的东西估计都已经被往来的拾荒者拣干净了，只剩一些空心砖、水泥砖和成捆的 PPR 管下脚料。

我要的正是这些灰色的水泥砖。顺带着，把 PP 管也带了一堆回去。

起初想在小路铺完之后，用圆柱形的小木桩围栅栏，可这个木桩还不便宜，PPR 管不也是圆柱形的吗？也就是细了很多，颜色是白的。如果我能将它们高高低低地排出来，应该也是蛮好看的。

小路我们铺了两遍。先是将两块砖左右挨着，整整齐齐地一溜排好，排完后，却怎么看都楞得很，于是又拆了重来，横七竖八交错排列。排列的时候，需要留一些缝隙，用来填入粗砂，起到稳固的作用。

开始的样子。

之后的修改。

最后的样子。

2018年3月11日

星期日　晴

　　今天，把捡来的PPR管用切割机切成约40厘米的小段，打算插在小花园里做栅栏。插了1/3，很不满意。即便是把一头切成尖尖的斜角，也因为太密而不好插紧；若排列得疏松的话，管子太细，又显得单薄。

　　放弃！

　　眼见两边道上的树坑都挖好了，加起来得有四公里呢！真是神速！大货车也运来了一批批被修剪得光秃秃的梧桐，堆在路边，等着栽种。

　　下午，邻居来了。我只见过他三次，每次都来得很匆忙，不是拿点东西走，就是放点东西进去。

　　他嫌咱们铺的路太窄，说到时候加了栅栏会更窄，走人什么的很不方便。这话好像挺有道理。那就再加宽一点，反正有得是砖。

　　他是来看自己种的那些花儿的。屋前空地上的桃树、李子树，都是他种的；不仅如此，屋后还种了红枫、牡丹、芍药和艾草。

274

其中，牡丹花比较娇贵难养，对土壤、气候等环境要求都比较苛刻，且不太耐高温，所以要种在桂花树下的肥沃土壤里。几株牡丹都已有十年花龄，花还没开，鼓胀胀的花苞呼之欲出，在等待新一轮的绽放。

一聊到这些花儿，本来并不太说话的邻居大叔忽然就打开了话匣子。他说，再过些天，这儿的桃树、李子树就会开满花，特别美。四月中下旬，就能吃上果子，没有施肥，也没有打药，除了虫子有点多，香甜多汁，非常好吃！那滋味，在市场任何一家水果店都买不到！光是听着，我的哈喇子就忍不住要流下来了。到底是怎样的滋味？好期待四月快点来临！

他还说，果子一多，不但有虫，还会有鸟过来啄食。它们很讨厌，不会在一颗果子上一直吃完，而是东啄一口，西啄一口，弄得果子上净是眼儿；松鼠更是恼人，会爬上树去摘果子，如果摘到不满意的果子，会直接扔掉。所以，人们就会弄些小的捕猎器，将松鼠捉到后放在水里淹死。我觉得这样对待小松鼠很残忍，可他说山里的松鼠实在是太多了，不杀死的话，东西都会被吃光，生态平衡需要去维持云云。也不知道是不是真的。

只有感叹生存不易！

2018年3月12日
星期一　晴

　　门口的梧桐树已经种下一大半了，它们给了我新的灵感。

　　上午和小乔沿着路一边逛一边物色适合做栅栏的免费物料。而种完的梧桐树，也刚好掉落了很多细枝丫，可以捡回去围栅栏呀！

　　于是——

　　听说梧桐只要插到土里就能活呢！那我今儿个插这么多枝子下去，也算是普度众生吧？

　　今天，"毛肚"也不见了，仿佛凭空消失一般，完全不知道往哪个方向跑了，想找都没处找。最喜欢东窜西逛还不爱粘人的"腌鱼"反倒留下了。

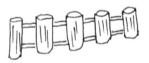

最开始想做的样子。

实际做的样子。

最终改做的样子。

这些梧桐树枝，竟真的活了！

　　水泥色粉的出现让水泥的颜色更加丰富多彩，运用也变得广泛起来。它的用法相当简单，就是将其按照一定比例倒入黑色或白色的水泥粉中即可调色。

　　我们买了灰色、中黄色和黑色。灰色和黑色只是为了让水泥本身的颜色在运用中更加富有层次，而明亮黄色则能够使墙面整体变得活泼起来。

　　上午，刷完外墙的第二遍，还剩了一点漆。见吧台的砖红色跟客厅好像也不是很搭，便拿过来直接刷砖面了。为了保留那份粗犷质朴的感觉，我们没有刮腻子找平，只是在刷漆之前涂了一遍稀释过的胶水，使砖面和漆更好地黏合。

　　卫生间墙面虽然面积大，但工作强度不大，和之前抹水泥地面一样的操作步骤，无非前期加了个调色的步骤。调深色就用黑水泥，调浅色或彩色就用白水泥。

　　水泥真心是个好东西！不但便宜，还防水，淋湿了最多变个色，干了之后又会恢复原样，用在卫生间真是再合适不过啦！让我极为郁闷的是，早知道有这么一种彩色水泥，我的厨房为什么要上水泥板！

我们给地面加了黑色，墙面加了灰色，其中靠里的那一面隔断墙加的是黄色，毫无违和感。只是黄色墙面刮完后，总觉得有一种莫名的熟悉感。过了很久，方才发现——

是寺院的颜色！

这个颜色好，有益修身养性！

　　昨天，去建材市场选完瓷砖，发现整个装修工作也逐渐进入尾声。本来还想顺便把灶台也全都贴起来，方便清理又美观，但朋友告诉我，瓷砖具有热胀冷缩的特性，而灶台内生火后温度会很高，瓷砖容易被损坏。加之灶台呈圆弧形，不知道届时需要裁多少次才能贴服帖了，瞬间头大，遂弃之。所以，只要将这些瓷砖贴完，再把门窗处理一下，门口的平台铺一铺，就差不多要完工了！

　　心情矛盾又复杂。

　　明明带着急于完工的浮躁，却又夹杂着一丝不舍。

　　今天的"腌鱼"格外粘人。平日只有它最难唤，而此时，我们只要稍微挪几步，它都会紧紧贴在脚边，好几次绊着它，它也毫不在意。平时睡觉都是四仰八叉毫不顾及淑女形象的它，竟然也将头深埋进蜷着的身子下，乖巧地躲在羽绒服的帽子里面打着呼。

想起丢了的两只，我们对眼前的"腌鱼"更多了一丝怜意。

瓷砖可并不好贴，更何况卫生间那堵墙被技艺了得的我们砌出了微微的圆弧状。

我们嫌调水泥灰太麻烦，没用砂和水泥混合作为贴瓷砖的介质，而是直接选用了瓷砖胶。瓷砖胶也是粉状的，具有良好的柔韧性，能防止生产空鼓。其主要特点是粘接强度高、耐水、耐冻融、耐老化及施工方便，是一种非常理想的黏合材料。它和水泥看起来非常相似，15元一包，很便宜！而且用它可以比用水泥多节约空间，水泥沙至少要铺2厘米厚度，而瓷砖胶只要薄薄的一层就可以了。

只是，切瓷砖这种事情，一言难尽！

它对体力的要求是非常之高的，需要有强健的臂力，以确保裁切瓷砖的时候能够稳定笔直地划过，而在这一点上，小乔又胜

没有做45°倒角切割的效果。

我一筹。于是，我们自觉分工，她裁，我贴。

最烦的就是砖与砖交叠的地方。一般会用特制的工具将瓷砖边沿的斜面切割成45°角，这样，两片砖在转角互碰的时候，可以无缝衔接。而我们没有这个工具，只能将一片砖直接对齐叠放在另一片上，露出藕红色的背面，很影响美观。我和小乔打算买一支马克笔回来，把这些地方都给涂成黑线，这样就好啦！

Tips：

1. 用水泥不加沙的话，水泥硬干的过程中会收缩过大，产生较大的力拉裂瓷砖，本身瓷砖坯体和釉面的膨胀系数就不一样，很可能造成瓷砖表面出现裂纹。如果粘贴的面积小，可用净水泥。为防止水泥收缩过大造成较大的拉力拉裂瓷砖，宜用低标号水泥。水泥和沙的占比从1:1到1:4都可以，根据现场实际用途选择合适的比例。越常用到或不够稳定的区域，水泥所需的比例要高些。如果只是小面积作为装饰或相对稳固的区域，多放一些沙子也不会导致掉落。如果不清楚用途，可以统一选择1:2的比例。

2. 瓷砖胶只要加清水便能使用，非常方便。注意，先放水再放粉剂，粉水比例约4:1，搅拌后的状态为硬挺不软塌，看起来像半固态的芝麻膏。刮涂基面前，应保证表面干燥平整、无油污粉尘等。

3. 铺贴墙砖时，一定要保证墙面的干净并彻底湿润，然后找平，待找平层完全干爽后再进行铺贴。

4. 需要根据设计铺贴要求，提前确定排砖方案。铺贴前，必须先确认底材的垂直度及平整度，用水平激光仪确定位置后，在墙面弹出砖缝位置线。

5. 铺贴前，要将墙砖完全置于清水中浸泡至少一小时，不冒小气泡才可以取出使用。铺完后，要用木锤或橡皮锤轻轻拍平，防止空鼓，并随时用直尺找平。玻化砖贴墙面不需要经过泡水处理，可以直接铺贴，背面的水泥砂浆要加厚，其他方面与釉面砖大致相同。贴时要注意留出砖缝，以防热胀冷缩导致瓷砖后期起鼓或开裂。

6. 瓷砖全部贴完后，用勾缝剂将砖缝填补刮平，并在第一时间将粘在瓷砖上的胶剂擦掉，干后会比较难处理。

7. 瓷砖胶适宜在5℃～40℃的环境下使用，且干后无法再重新加水反复使用。

8. 铺贴完成24小时后，方可踏入或填缝。

2018年3月16日

星期五　晴

　　隔了整整十天，"火鸡"竟然重新出现在小屋！

　　很显然，是"毛肚"出去把它给找回来的。我忍不住抽了自己两个大嘴巴子——真不是做梦！

　　"火鸡"消失在两公里外的小山坡，中间还隔了一条三车道的宽十字路，竟然就这么被"毛肚"找回来了！看着它们在我脚边绕来绕去，"喵喵"叫个不停，声音一个比一个响，仿佛在争抢着向我们诉说这段日子以来的辛酸遭遇。怎奈言语实在不通，只能一人抱起一只使劲揉，直揉到两只猫变声。

　　继续贴瓷砖。

　　对了，两只猫一回家，这几天极度粘人的"腌鱼"也回归正常，喊也不理了。

　　……

2018年3月19日
星期一　晴

用几天时间将瓷砖贴完，除了速度还是跟不上，竟然也没怎么觉得累。

小乔将袖子撸起，露出她依旧白皙的胳膊，另一只手拍了拍上臂，对我说道："看，肌肉！"

没错，粗了一圈的小乔并没有胖，只是看起来更敦实了。而我，也早已将一头秀发剪成朴实的"刘胡兰头"，静待来年长发齐腰时，我的盖世英雄能驾着七彩祥云将我带走。

有板有眼，有模有样。

故事开始

—完事儿，收工—

把生活过成自己喜欢的样子

有花有树有轻风

有猫有你有我

要吃带锅巴的大锅饭，

真香

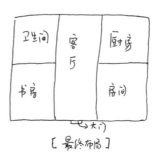

〔计划调整〕 〔最终布局〕

房屋的布局也进行了调整。

2018 年 3 月 20 日，正式合上我的日记本。

2018 年 4 月 28 日，正式完工。

这期间的事，太过琐碎繁杂，加上连日来紧锣密鼓地为最后阶段加班加点，更没发生什么有意思的事情，于是，连日记都变成了流水账。

贴完瓷砖，开始翻新窗户和门。很简单，就是刷上两层绿漆。

门口也铺上了旧木板，刷了一层桐油作为防护。桐油的防腐能力强到爆，以前的木船都是用桐油刷过的，所以木板刷桐油抵御雨水的侵袭也不是问题啦！

在夹缝中坚强生长的小油菜花。

床是我们自己做的，用的还是之前的镀锌管刷黑漆，只不过用料厚了些。小张帮我们焊好框架，我和小乔买来杉木条做了床板。本身两米的床，我将前端的床沿预留了大约 20 厘米长短不一的宽度，这样，书本等小物件都可以放在床头，拿取方便。

我们还去旧货市场买了些家具回来。很多家具只是外漆掉落，显得斑驳，只要用砂纸打磨打磨，再重新刷上漆，又跟新的一样。而且价钱感人，并且大多还是实木打造的。

不得不说，旧货市场其实是个藏宝处。

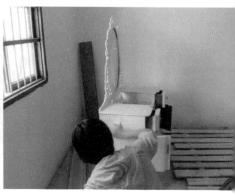

　　还有一个木头柜子，当初因为缺了一个抽屉，房主给我们挪小屋的时候便没有一起搬走，而是放在门口的柴堆边，任其风吹雨淋，日出日落中与孤独做伴。我们于心不忍，便拿了张破喷绘布给它盖上。几个月过去了，除了柜子顶上裂了一个大缝，整体还是相当好。软装一开始，我们就将它抬进屋，让它重新焕发了光彩。缺了的那格抽屉，我们用一块小三合板蒙住底，放了块软垫，作为新生猫儿们的小窝。很给力的是，主子们好像非常喜欢这个小空间！

　　没错，"腌鱼"已经生了六只"小可爱"，每只都很健康。实际上，它自己还是个孩子啊！与此同时，"火鸡"也怀上一窝，它们是打算将生生不息进行到底呀！

桃花变成桃子，成熟的季节，摘下一篮果子。尝一口，果真清甜多汁，桃香满溢！

　　被扔在路边的梧桐树枝被我们当成栅栏插上后，竟真的发出了新叶，看样子是都活了呢！

　　种下的三叶草和野花，伴随着那些叫不出名字的杂草，在我们的悉心浇灌下茁壮成长，高高低低，虽不整齐，也不那么好看，可我已下了决心，要对它们进行"佛系"管理，让它们都好好地活下去。

自从有了这片小地界，主子们也不太在猫砂盆里便便了，直接在这片土里刨坑，拉完埋掉，省去了我们买猫砂的费用，也为花草提供了天然肥料。没想到，它们还能为这片土地做点贡献。

原先打算用来放手机的小置物架。

对了，我们最终将房间和书房对换了。因为请师傅来铺装木地板的时候，他说原先书房的那个房间更干燥一些，更适合居住，便听从了他的建议。只是，最初安装的床头手机架是用不上了，放一盆绿萝，也挺有氛围的。这个手机架的管子里可还专门穿了线，可以充电。

"偷来的"油菜在门前的屋檐下，开出了金灿灿的黄花，再结成菜籽。

　　到了白兰开放的时节，我们去花市买回一株白兰树，摆在房间的床头。小时候，常见老太太将白兰花用线或铁丝穿成一串儿，或是一朵上边戳一根别针，沿街叫卖。看尽繁花，再回头细赏这株白兰，纯粹又素净，清新而优雅。在安静绽放的那些天，我们便夜夜伴着清冽的芳香入眠。

门前的野雏菊全都盛开了。今天和小乔一起摘了一大把插在瓶子里，房间顿时鲜亮起来。野雏菊不像大雏菊那样白得耀眼明媚，朵头很小，却清香四溢。白天，花瓣中会透着淡淡的灰；到了晚上，会变成浅紫色，花瓣微微收拢。

　　没有找到合适的书架，便在做厨房碗柜之余又动手做了一个。读书和吃都是最快乐的事。两者都是进了肚子，一个能填饱肚子，一个能装满脑子。放几本常看的书。不想出门的时候，便窝在懒人沙发里，边吃着零食边翻几页书，不负好时光。

不负好时光。

我的小越野

我的小越野是一辆有着九年高龄的"东风小康"，其载人载物的容量超乎想象，加之开车时视野很高很广，体型比越野车要小很多，停车方便，且油耗低，于是，我亲切地称它为"小越野"。

这辆车是我拿完驾照，我妈送给我的礼物。

那个时候的我内心是嫌弃的。我更希望能够拥有一辆看起来更加拉风的小轿车，但当时没有经济来源的我，也只能接受。毕竟，刚拿完驾照急切地需要一辆车练手的心情已超过我对这辆车的不满。

第一次开出去，是一个雪天。尽管爸妈出门前再三叮嘱不要开车出门，我还是不顾一切地发动它，约上高中同学去兜风。天虽然冷，车虽然丑，暖气也不是那么足，但拥有人生第一辆车的我还是觉得超幸福。没敢放肆，开得极为小心，生怕滑着磕着，一天下来也没发生什么事，只是挨了顿骂，不痛不痒。

这辆车，还承载着我太多的回忆。

那时，房地产业务好做，我带着刚毕业的实习生小芸去很远的地方拖了满满一车的单页回去发，都是我俩一件件搬上去的，直装得车都开不动；带着朋友大半夜去没人的路上练漂移，车差点没翻，也没好好心疼过它。

记得有一次，我还在老家广告公司做业务员的时候，和同事一起去乡镇找业务。完全不认识路的我们，稀里糊涂将车驶向村村通的一处尽头。眼前便是一座刚被挖过的小山，以为绕过这座小山便可以通往大路，却不曾想车开过去不但压根没有路，车轮还陷在红泥中开不出来了。天色已晚，也越来越冷。我们一心只想把车开出去，然后回家吃饭，半天搜罗出一堆广告单页，我们一张张垫在车轮底下，一寸寸往前开，直开到一个更深的坑里时，发现垫再多纸也无济于事。只好弃车，先想办法回去。

手机半格信号都没有，加上前不着村后不着店，还很应景地下起了小雨。同事妹子在车里翻出一个手电筒，而我却悄悄将一个大榔头揣进怀中。那个瞬间，我脑子想的竟然是怕她突然变异，把我给吃了！刚收拾完毕要出发，忽地一阵妖风伴着雨刮过，身后竟然出现了一连串跑步的声音。当时，我的七魂被吓掉一大半，可我和她竟然都没叫出声来，只是互相紧紧搀扶着，谁都没有回头，谁也没有慌不择路地奔跑，假装不害怕，深一脚浅一脚地踏出了这片泥地。事后知道，她当时竟然和我一样，也怕叫出声来只会吓到对方，才一直忍着。真是佩服当初我俩的沉着冷静！

直到第二天一早，我才叫上一帮好友，找来一辆在附近施工的大铲车，将遭了一夜罪的"小越野"给拖出来。

还有一次，我开车带着年轻的客户，也是去一个镇子。下午出发的时候，就已经下起了雪，打算开车赶回来。雪越下越大，车越开越慢，直到在途中接到封路的通知。我和他被困在长长的车流中，冷得睡不着觉，只好聊天。聊到第二天早上路通了，旁边这个客户成了我的男朋友。而今，车还在，男朋友已不见……

装修的这段时间，小车依旧默默奔劳，不嫌累，不怕脏。时而，是一台压路机，为我们轧平门前的土；时而，是一辆小货车，载满泥土；时而，是主子们的临时居所，任它们在里边随意坐躺……

　　不用担心磕着碰着，也不需要记住保养的日期。它默默地等装修完毕，也完成了自己最后的使命。

　　现在，那份感觉再也回不去了，开得烦腻，有机会都让别人开，或者自己叫个车。哪像那个时候，坐在车里的感觉仿佛坐拥整个世界。

　　人都是容易厌倦的动物吧?

　　所以，人生最美，不过初见吧?

完工图

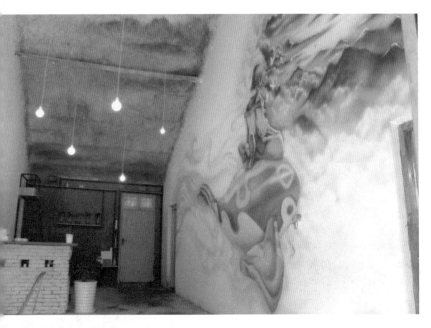

墙绘。

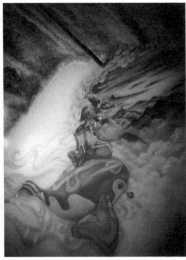

简约的水泥墙面和黑色置物架。

一起喵喵喵喵喵。

老胡笔下的"毛肚"栩栩如生。

两根钢丝加一根树枝做成挂衣架，不远处传来白兰花的清香。

最闲适莫过于主子们。

将原始的灶台小心保留了下来。

用一根杉木条的废料，加上几颗螺丝，再打上玻璃胶，便是结实的无痕壁挂。

成型后的堆柴装置，可以将柴捆好，通过右边悬挂的托运至顶端，再滑向左边密闭的储柴柜中。

超宽敞的卫生间全景照，卫生间中的劳斯莱斯。

附录：装修费用支出明细表

序号	项目	明细	数量	单位	单价（元）	总价（元）
1	拆吊顶	拆吊顶	1	次	300	300
2	准备工作	漆喷枪	2	个	55	110
		劳保鞋	2	双	17.6	35.2
		生石灰	1	箱	16	16
		口罩	1	盒	53	53
		工作服	1	套	69.8	69.8
		除虫剂	1	组	120	120
		锯子等工具	1	组	52	52
		石灰粉	1	箱	16	16
		杀虫剂	2	瓶	4	8
		鸡	1	对	85	85
		脚手架	4	组	300	1200
3	日常消耗	剪刀	1	把	8	8
		手套	2	副	2.5	5
		艾草	1	包	15.8	15.8
		手套	2	副	2.5	5
		护目镜	2	个	20.9	41.8
		手套	10	副	2	20
		锤子	1	把	10	10
		软管	20	根	1	20
		照明灯泡	1	个	20	20
		防毒口罩	1	个	20	20
		马钉	1	盒	5	5
		瓦工刀	1	把	5	5
		灰桶	3	个	3	9
		手套	5	副	2.5	12.5
		扎带	2	包	10	20

序号	项目	明细	数量	单位	单价（元）	总价（元）
		滚筒刷	2	个	6	12
		拖把	1	把	10	10
		扫帚	1	把	10	10
		灰桶	6	个	6	36
		木锯片	1	个	20	20
4	基础物料	水泥	5	包	20	100
		粗沙	1	堆	150	150
		细沙	0.25	堆	150	37.5
		水泥	10	包	20	200
		粗沙	1	堆	100	100
		水泥	2	包	23	46
		白水泥	1	包	12	12
		清仓免漆板	6	张	100	600
5	吧台	台面	1	张	20	20
6	内部屋顶	隔热膜	72	平方	5.5	396
		三合板	30	张	17	510
		美工刀	2	把	5	10
		马钉	5	盒	5	25
		马钉	1	盒	4	4
		三合板	30	张	21	630
		奔腾油漆	1	罐	55	55
		泡沫胶	10	卷	2.5	25
7	屋顶云朵	pp 棉	50	平方	6.3	315
		万能胶	4	桶	35	140
8	屋顶做漆	油漆	1	桶	140	140
		油漆	1	桶	140	140
		油漆刷	1	把	2	2
		小刷笔	2	把	2.5	5
		小红筒	2	个	5	10
		大桶油漆	1	桶	120	120
		大桶香蕉水	1	桶	50	50
		防毒口罩	2	个	20	40

序号	项目	明细	数量	单位	单价（元）	总价（元）
9	卫生间给排水	伟星管	1	组	1347	1347
		PVC 管	1.5	米	4	6
		50 弯头	1	个	2.5	2.5
		50 三通	1	个	2	2
		10 三通	1	个	1	1
		20 三通	2	个	9	18
		20 弯头	1	个	8	8
		20 内丝弯头	1	个	26	26
		20 内丝直接	1	个	25	25
		生料带	1	卷	5	5
10	全屋布电	电线	1	卷	220	220
		线卡	1	盒	2	2
		大线卡	2	盒	1.5	3
		电工笔	1	把	3	3
		线卡	2	盒	2	4
		十字起	1	把	2	2
		插座盒	6	个	11	66
		插座盒底座	6	个	2	12
		线卡	1	盒	2	2
		灯串 LED	1	串	15	15
11	客厅灯	客厅白灯头	6	个	2.83	16.98
		客厅白线	10	米	2.5	25
		龙珠灯泡6 个	1	组	185.26	185.26
		LED 灯带	15	米	5.8	87
		灯带连接头	3	个	10	30
		花线	20	米	1.23	24.6
12	厨卫照明	灯管	4	根	15	60
13	卫生间隔断灯	五米 LED 星星灯	24	串	5.69	136.56
		PET 瓶子	30	个	1.6	48
		透明电线	60	米	1.1	66

序号	项目	明细	数量	单位	单价（元）	总价（元）
14	房间灯	复古钨丝灯	6	个	5.8	34.8
		黑线＋灯头	6	组	5.6	33.6
		灯泡配件	1	组	33.15	33.15
15	屋内墙面	砂纸	10	张	0.4	4
		内墙漆	1	桶	240	240
		腻子粉	10	包	20	200
		胶水	20		5	100
		砂纸	15	张	1	15
16	铲墙	金刚石磨光刀	5	个	16.9	84.5
		铲墙刀	3	把	15	45
		油漆滚筒	2	个	5	10
		瓦工刀	2	把	8	16
		抹墙刀	1	把	7	7
		钢丝刷	4	把	5	20
17	卫生间砌墙	红砖	1500	块	0.5	750
18	厨房墙面	水泥板	16	张	35	560
		杉木条	10	根	4.5	45
		25自改螺丝	1	盒	25	25
		美工刀	2	把	5	10
		杉木条	20	根	4.5	90
		钢排钉	1	盒	10	10
		气钉枪	1	个	70	70
		杉木条	2	捆	45	90
		钢排钉	1	盒	10	10
19	置物架	镀锌管1	4	根	15.5	62
		镀锌管2	6	根	12.5	75
		黑油漆	2	罐	15	30
		香蕉水	2	瓶	5	10

序号	项目	明细	数量	单位	单价（元）	总价（元）
20	厨卫瓷砖	瓷砖	14	平方	98	1372
		瓷砖胶	1	包	18	18
		瓷砖锯片	1	个	20	20
21	厨卫墙面	水泥色粉	1	组	28.5	28.5
22	大床	镀锌管	10	根	22	220
		杉木床板条	1	组	120	120
		黑漆	1	罐	15	15
		香蕉水	1	瓶	5	5
23	堆柴装置	滑轮	1	套	22	22
24	房间衣挂	钢丝	2	根	6.2	12.4
25	门口小花园	挖机	1	次	100	100
		种子	1	包	88	88
26	门口木板铺设	门口旧木条	20	平方	15	300
		水泥钉	4	盒	7	28
		桐油	1	瓶	96	96
27	门窗家具翻新	水性漆	4	罐	28	112
		除锈剂	1	瓶	26	26
		旧家具	1	组	540	540
		水性漆	1	组	130	130
		白漆	1	罐	18	18
28	窗帘	窗帘	1	组	239	239
		窗帘杆	3	根	30	90
		窗帘挂钩	1	组	12	12
29	房间地面	木地板	33	平方	78	2574
		地板配件	1	组	231	231
						9885.35

其中，厨房装置的面板和两组柜子，都用的是清仓免漆板。

把我种在这里，明年的这个时候，就能开出好多好多的喵。